陕西省
气象灾害防御科普手册

陕西省气象局 陕西省气象学会 编

气象出版社
China Meteorological Press

内容简介

本书系统介绍了气象基础知识、气象信息获取渠道，以及暴雨、干旱、雷电、大风、高温等陕西省主要气象灾害的时空分布特征、危害、预警信号及具体的防御措施，同时在附录部分还介绍了急救常识等内容。全书图文并茂，语言通俗易懂，是一本面向社会公众普及气象知识、指导气象灾害防御的科普读本，也可作为气象信息员的培训教材。

图书在版编目（CIP）数据

陕西省气象灾害防御科普手册 / 陕西省气象局，陕西省气象学会编 . —北京：气象出版社，2015.10

ISBN 978-7-5029-6275-3

Ⅰ . ①陕… Ⅱ . ①陕… ②陕… Ⅲ . ①气象灾害－灾害防治－陕西省－手册 Ⅳ . ① P429-62

中国版本图书馆 CIP 数据核字 (2015) 第 244463 号

出版发行：气象出版社

地　　址：北京市海淀区中关村南大街 46 号　　　邮政编码：100081

总 编 室：010-68407112　　　　　　　发 行 部：010-68409198

网　　址：www.qxcbs.com　　　　　　E - m a i l：qxcbs@cma.gov.cn

责任编辑：黄菱芳　邵　华　　　　　　终　　审：吴晓鹏

封面设计：徐　娜　　　　　　　　　　责任技编：赵相宁

印　　刷：中国电影出版社印刷厂

开　　本：889mm×1194mm　　　1/32

字　　数：90 千字　　　　　　　　　　印　　张：4

版　　次：2015 年 10 月第 1 版　　　　印　　次：2015 年 10 月第 1 次印刷

定　　价：24.00 元

《陕西省气象灾害防御科普手册》
编委会

前言

随着全球气候变暖，各种极端天气气候事件频繁发生，严重影响自然生态系统、人类的生存和社会发展。陕西是我国气象灾害较为严重的省份之一，气象灾害每年都会造成严重的经济损失和人员伤亡，宣传普及气象知识，使人民群众了解和掌握气象灾害防御技巧和方法，最大限度减轻气象灾害损失，对保障国民经济社会可持续发展和人民生命财产安全具有重大作用。

采用社会公众喜闻乐见的形式，广泛开展气象科学知识普及和宣传工作，弘扬科学精神、传播科学思想、普及科学知识，探索具有陕西特色的气象科普发展思路，加强气象科普基础能力建设，打造气象科普知识载体，提高气象知识向全社会普及和传播的能力，促进应对气候变化、气象防灾减灾等气象知识便利化获取，是减少气象灾害损失的有效途径，对于贯彻落实《全民科学素质行动计划纲要》，提高社会公众幸福指数将发挥十分重要的作用。

陕西省气象局和陕西省气象学会组织编写的《陕西省气象灾害防御科普手册》，融汇了气象基础知识、气象信息获取渠道，以及陕西省主要气象灾害的时空分布、主要危害、防御措施等内容，同时还介绍了一些急救常识，希望通过这本书能让更多的群众了解气象灾害防御基本知识，提高应对气候变化及预防气象灾害的意识和防灾避险能力，减轻灾害性天气气候对人民生命财产造成的危害和损失。

目录
CONTENT

第三章
气象信息的获取渠道

参考文献

附录

第一章
气象基础知识

一、气象观测

1. 什么是气象观测

　　气象观测是指测量和观察地球大气的物理和化学特性以及大气现象的方法和手段，观测内容有大气的气体成分、温度、湿度、气压、风、云、降水、大气能见度及雷电等。气象观测的方式包括地面气象观测、高空气象观测、大气遥感探测和气象卫星探测等。气象预报所用的数据主要是通过气象观测的方式得到的。

多普勒天气雷达

／探空气球

／风廓线雷达

2. 地面气象观测

地面气象观测是气象观测的重要组成部分，它是对地球表面一定范围内的气象状况及其变化过程进行系统地、连续地观察和测定。

地面气象观测场是安装气象仪器进行气象观测的场地，要建在四周空旷平坦，避免建在陡坡、洼地或邻近铁路、公路、工矿、烟囱、高大建筑物的地方；要避开大气污染严重的地方，不能有反射阳光强的物体；要选择在城市或工矿区最多风向的上风方。

▎陕西省镇安县气象局地面气象观测场 ╱

地面气象观测项目包括气温、地温、降水、风向和风速、能见度、气压、云、天气现象等。

/ 装在百叶箱里的温、湿度传感器 /

气温

　　表示大气冷热程度的物理量为空气温度，简称气温。地面气象观测中的气温，是在植有草皮的观测场中离地面1.5米高的百叶箱中的温度表或温度传感器测得的。夏日炎炎的午后，在交通繁忙的水泥路面，在空无遮挡的阳台上等小环境的气温要比百叶箱气温高得多，这就是为什么人们感觉实际气温与预报气温不相符的原因。

地温

　　地面温度和不同深度的土壤温度统称为地温。地面表层土壤的温度称为地面温度，地面以下土壤中的温度称为地中温度。地温是用埋在不同深度的地温表或温度传感器观测到的。

　　白天阳光普照，大地接收热量后地面的温度逐渐升高。太阳落山后，近地面的气温渐渐降低，地表的温度也随之开始下降。地温的高低对近地面气温和植物的种子发芽及其生长发育，微生物的繁殖及其活动，有很大影响。地温资料对农、林、牧业的区域规划有重大意义。

▌放在土壤里的温度表／

▌测量深层地温的传感器／

降 水

　　降水是空气中的水汽冷凝并降落到地表的现象，分为液态降水和固态降水。降水是用雨量器观测得到的。液态降水为雨，固态降水有雪、雹、霰等，还有液态固态混合型降水，如雨夹雪等。

/雨量传感器▮

/雨量器▮

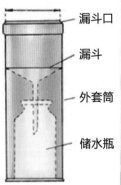

漏斗口

漏斗

外套筒

储水瓶

/雨量器内部结构示意图▮

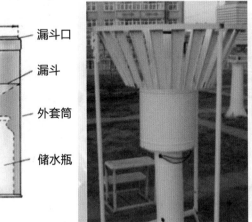

/固态降水观测仪器▮

▌风向风速传感器 ╱

能见度

能见度是反映大气透明度的一个指标，是指视力正常的人在当时天气条件下，能够从天空背景中看到和辨认出目标物（黑色、大小适度）的最大水平距离。气象上用气象光学视程表示，即白炽灯发出色温为 2 700 开尔文的平行光束的光通量在大气中削弱至初始值的 5% 所通过的路径长度。测量能见度一般用目测的方法，也可以用投射能见度仪、散射能见度仪等专业仪器测量。

风

风是空气在水平方向上流动引起的一种自然现象。风向指气流的来向，例如北风就是指空气自北向南流动。风速是指空气在单位时间内流动的水平距离，通常以"米／秒"为单位。

▌能见度测量仪 ╱

二、天气预报

1. 什么是天气预报

天气预报是对未来天气变化的预先估计和预告，是根据大气科学的基本原理和技术对某一地区未来的天气做出分析和预测。

2. 天气预报的分类

按预报时段和主要预报项目，天气预报可分为 5 种，如下表所示。

／天气预报的分类▌

预报名称	预报时段	主要预报项目
临近预报	0～2 小时	短历时强降雨、冰雹、雷雨大风、龙卷等突发性强、影响大的致灾性天气
短时预报	0～12 小时	
短期预报	1～3 天	雨雪强度、气温、风、雾、霾、沙尘、霜冻等的具体预报
中期预报	4～10 天	
延伸期预报	11～30 天	未来天气趋势，如未来冷暖变化趋势、旱涝趋势等

3. 天气预报常用术语及含义

常规天气预报一般包含以下几个要素：预报时段、预报地点、天气现象、温度、降水、风，以及发布单位和时间。为了方便使用与管理，天气预报用语都有严格的规定。

时间用语

天气预报中对时间的概念有明确的规定，在气象预报中经常听到或见到的时间段含义见下表。

／天气预报时间用语含义▎

时间用语	时段	时间用语	时段
白天	08—20 时	夜间	当日 20 时—次日 08 时
上午	08—11 时	上半夜	20—24 时
中午	11—13 时	下半夜	次日 00—05 时
下午	13—17 时	早晨	05—08 时
傍晚	17—20 时		
未来几天	从当日开始至结束的时间段。例如，未来 3 天包括当日、次日和第 3 日		

地点用语

在天气预报中经常听到或看到大部分地区、局部地区等词语。大部分地区指占区域面积 60% 以上，部分地区指占区域面积 30%~60%，局部地区指占区域面积 30% 以下。

天空状况用语

天空状况是指观测时天空云量的多少。根据云量占天空的多少，把天空状况分为晴天、少云、多云、阴天四种情况。

天空状况用语含义

晴天	天空无云或云量小于天空面积的 1/10
少云	天空中有中、低云 1～3 成，或高云 4～5 成
多云	有 4～7 成的中、低云，或 6～10 成高云
阴天	天空阴暗，密布云层，总云量在 8 成以上

温度用语

天气预报中说的气温，是指离地面 1.5 米高，在四面通风的百叶箱中的空气温度。天气预报中的气温包括最高气温和最低气温。

降水用语

常用的降水用语，按天气现象分为：阴有雨、阵雨、雷阵雨、雨夹雪、雨转雪、冻雨等；按降水等级（一段时间内降水量的多少）划分为：小雨、中雨、大雨、暴雨、大暴雨、特大暴雨、小雪、中雪、大雪、暴雪、大暴雪、特大暴雪等。

/ 降水量等级表 ▐

等级	时段降雨量 / 毫米		等级	时段降雪量[1] / 毫米	
	12 小时降雨量	24 小时降雨量		12 小时降雪量	24 小时降雪量
小雨	0.1 ~ 4.9	0.1 ~ 9.9	小雪	0.1 ~ 0.9	0.1 ~ 2.4
中雨	5.0 ~ 14.9	10.0 ~ 24.9	中雪	1.0 ~ 2.9	2.5 ~ 4.9
大雨	15.0 ~ 29.9	25.0 ~ 49.9	大雪	3.0 ~ 5.9	5.0 ~ 9.9
暴雨	30.0 ~ 69.9	50.0 ~ 99.9	暴雪	6.0 ~ 9.9	10.0 ~ 19.9
大暴雨	70.0 ~ 139.9	100.0 ~ 249.9	大暴雪	10.0 ~ 14.9	20.0 ~ 29.9
特大暴雨	≥ 140.0	≥ 250.0	特大暴雪	≥ 15.0	≥ 30.0

风的用语

　　风的用语由风向和风力组成。风向一般用 8 个方位来表示，分别为北、西北、西、西南、南、东南、东、东北。风力大小一般采用蒲福风力等级表示（见附录 A）。

4. 天气预报制作流程

　　天气预报的制作一般分为四个步骤：气象观测—数据收集和处理—综合分析—预报会商。概括来说，就是预报员根据各地气象观测资料绘制成地面、高空天气图及各种图表，再结合卫星云图、雷达探测资料和数值天气预报结果进行综合分析，然后进行天气会商，就像医院里的医生会诊一样，大家各抒己见，最后由首席预报员归纳、综合判断，给出预报结论。

① 降雪量指的的是固态降雪融化成液态后的毫米数。

气象观测

数据收集和处理

综合分析

预报会商

5.公共气象服务天气图形符号

　　公共气象服务天气图形符号是传播公共气象服务信息过程中用来表示天气现象的标准符号。

公共气象服务涉及的天气图形符号

序号	黑白符号	彩色符号	名称
1			晴（白天）
2			晴（夜晚）
3			多云（白天）

序号	黑白符号	彩色符号	名称
4			多云（夜晚）
5			阴天
6			小雨
7			中雨
8			大雨
9			暴雨
10			阵雨
11			雷阵雨
12			雷电
13			冰雹
14			轻雾
15			雾
16			浓雾

续表

序号	黑白符号	彩色符号	名称
17			霾
18			雨夹雪
19			小雪
20			中雪
21			大雪
22			暴雪
23			冻雨
24			霜冻
25			4 级风
26			5 级风
27			6 级风
28			7 级风
29			8 级风

序号	黑白符号	彩色符号	名称
30			9 级风
31			10 级风
32			11 级风
33			12 级及以上风
34			台风
35			浮尘
36			扬沙
37			沙尘暴

三、气候变化及气候预测

1. 气候和气候变化

气候是某一地区长时间内气象要素和天气现象的平均或统计状态，时间尺度可以为月、季、年、数年到数百年以上。气候以冷、暖、干、湿等特征来衡量，通常由某一时期的平均值和离差值表征。不同地区的气候各不相同，同一个地区，由于某种因素的影响，在气候上也会存在一定的差异。

/ 湿润的春天 | / 炎热的夏天 |

/ 干燥的秋天 | / 寒冷的冬天 |

气候变化是指气候平均状态和离差两者中的一个或两个一起出现了统计意义上的显著变化。平均值的升降，表明气候平均状态的变化；气候离差值增大，表明气候的变化幅度越大，气候状态不稳定性增加，气候异常越明显。

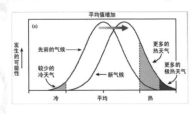 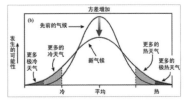

/ 气候变化与气候平均值（左图）和变化幅度（右图）之间的关系 |
横坐标代表温度，纵坐标代表出现概率（引自政府间气候变化专门委员会（IPCC），2011）

　　引起气候变化的原因可分为自然原因和人为原因两大类。前者包括地球的板块漂移、太阳辐射的变化、火山活动，以及气候系统内部的变化等，后者包括人类燃烧化石燃料以及毁林引起的大气中温室气体浓度的增加、大气中气溶胶的变化、土地利用情况的变化等。

▌工厂不断排出的废气 ╱

2. 气候预测

　　气候预测是指利用气候资料、统计学方法、气候模式等对未来气候趋势进行推断。气候预测密切关注的因素有太阳辐射变化、地球表面状况变化、大气环流、人类活动等，它们之间的关系复杂，任何一个因素的变化都可能导致气候的变化。对于长时间尺度的气候变迁，还要考虑地壳的运动等因素。

四、人工影响天气

　　人工影响天气是为避免或者减轻气象灾害，合理利用气候资源，在适当条件下通过人工干预的方式对局部大气的物理、化学过程进行影响，实现增雨（雪）、防雹、消雾、消云、防霜冻等目的的活动。人工影响天气包含人工增雨（雪）、人工防雹、人工消雾、人工消减雨、人工抑制雷电以及人工防霜冻。

／"运-12"增雨飞机▮

／火箭增雪▮

碘化银烟炉增雨

第二章
陕西省主要气象灾害及防御

　　陕西省横跨三个气候带，南北气候差异较大。陕南属亚热带气候，关中及陕北大部属暖温带气候，陕北北部长城沿线属温带气候。其总特点是：春季温暖干燥，降水较少，气温回升快而不稳定，多风沙天气；夏季炎热多雨，间有伏旱；秋季凉爽较湿润，气温下降快；冬季寒冷干燥，气温低，雨雪稀少。全省年平均气温为 13.7 ℃，气温自南向北、自东向西递减：陕北为 7~12 ℃，关中为 12~14 ℃，陕南为 14~16 ℃。1 月平均气温为 − 11~3.5 ℃，7 月平均气温为 21~28 ℃，无霜期为 160~250 天，极端最低气温为 − 32.7 ℃，极端最高气温为 42.8 ℃。年降水量为 340~1 240 毫米。降水南多北少，陕南为湿润区，关中为半湿润区，陕北为半干旱区。

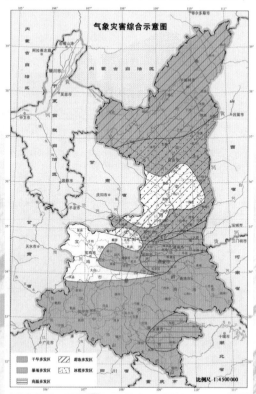

陕西省气象灾害综合示意图

陕西的主要气象灾害有：暴雨、干旱、雷电、大风、高温、寒潮、冰雹、大雾、霾、暴雪、沙尘暴、连阴雨、霜冻、道路结冰等。

一、暴雨

1. 什么是暴雨

暴雨是降水强度很大的雨。

其降水量标准为，暴雨：日降水量大于或等于50.0毫米，小于或等于99.9毫米；大暴雨：日降水量大于或等于100.0毫米，小于或等于249.9毫米；特大暴雨：日降水量大于或等于250.0毫米。

2. 暴雨的时空分布

陕西暴雨季节比较长。最早的暴雨出现在2月20日（2004年），最晚的出现在11月13日（1994年），暴雨季节历时达8个多月。陕西暴雨大多发生在相对多雨的时段，具有阶段性和集中性。春季4—5月开始出现暴雨，但一般范围小，危害轻，占全年暴雨的6%。夏季6—8月是陕西暴雨集中的时段，这一时段不仅暴雨日数多，涉及的范围广，且多为大暴雨，占全年暴雨的72%，尤以7月频数最多，达36%。秋季暴雨主要发生在9—10月，9月暴雨较多，占全年暴雨的16%，10月较少，占全年的5%左右。

陕西的暴雨，自南向北，呈现三高两低的分布特征。米仓山和大巴山是陕西多暴雨带，以紫阳、镇巴、宁强一带为中心，镇巴为全省之冠；关中盆地是少暴雨区；陕北南部的洛川至宜君一带暴雨又复增多，成为次多暴雨区；陕北北部的长城沿线是东多西少，东部黄河沿岸的神木、府谷多，而西部的定边是全省暴雨最少的地区。

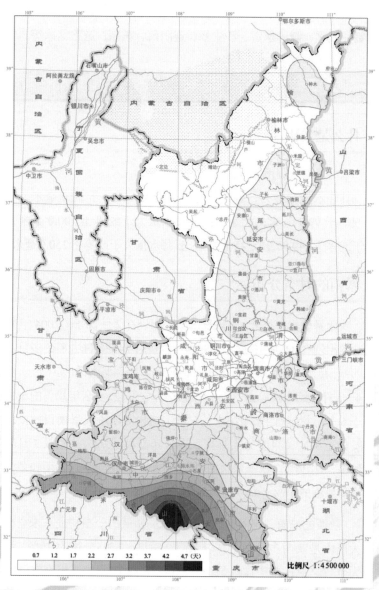

陕西省年暴雨日数（1961—2006年平均）

3. 暴雨的危害

暴雨会引发洪水、城市内涝等洪涝灾害，以及泥石流、滑坡等次生地质灾害，使房屋、道路、水利和电力设施、市政设施、农田被淹没或冲毁，工农业生产、交通运输和人们日常生

/暴雨引发水灾/

活受到影响，对国民经济和人民生命财产造成严重威胁。

4. 暴雨预警信号

暴雨预警信号分四级，分别以蓝色、黄色、橙色、红色表示。

暴雨蓝色预警信号

标准：12 小时内降雨量将达 50 毫米以上，或者已达 50 毫米以上且降雨可能持续。

暴雨黄色预警信号

标准：6 小时内降雨量将达 50 毫米以上，或者已达 50 毫米以上且降雨可能持续。

暴雨橙色预警信号

标准：3 小时内降雨量将达 50 毫米以上，或者已达 50 毫米以上且降雨可能持续。

暴雨红色预警信号

 标准：3 小时内降雨量将达 100 毫米以上，或者已达 100 毫米以上且降雨可能持续。

5. 暴雨灾害防御

暴雨前的准备

* 注意收听、收看、查询当地气象台发布的暴雨最新动态。

* 检查房屋，如果是危旧房屋或处于地势低洼的地方，人员应及时转移。

* 暂停室外活动，当发出暴雨红色预警信号时，学校可以暂时停课。

* 检查电路、燃气等设施是否安全，关闭电源开关。

* 提前收盖露天晾晒物品，收拾家中贵重物品放置于高处。

* 户外作业人员应暂停工作，立即到地势较高的地方暂避。

暴雨中的应急措施

* 行驶车辆尽量绕开积水路段及下沉式立交桥，避免穿越水浸道路，避免将车辆停放在低洼易涝等危险区域。

* 行人应远离低洼易涝区、危房、边坡、简易工棚、挡土墙、河道、水库等可能发生危险的区域；远离架空线路、杆塔和变压器等高压电力设备，避免穿越水浸区域、接触裸露电线，以防触电。

* 室内人员应立即关闭和紧固门窗，防止雨水侵入室内。当室外积水漫入室内时，应立即关闭燃气阀门，切断电源总开关，防止积水带电伤人。

* 在户外积水中行走时，要注意观察，贴近建筑物行走，防止跌入窨井、地坑等。

* 雨天汽车在低洼处熄火，千万不要在车上等候，要下车到高处等待救援。

* 注意夜间的暴雨，提防旧房屋倒塌伤人。

6. 重大暴雨灾害个例

2010 年 7 月 15—18 日和 7 月 22—24 日，汉中市的宁强、南郑、汉台、镇巴等县区先后出现了两次暴雨天气。据不完全统计，截至 7 月 25 日 24 时，暴雨洪灾共造成全市 209 个乡镇 81.69 万人不同程度受灾，因灾死亡 22 人、失踪 9 人，紧急转移安置 13.7 万人，群众房屋财产、公路、水利、电力、通信、市政设施、农业生产及部分工矿企业遭受重大损失，直接经济损失 32.9 亿元。

陕西省宁强县舒家坝暴雨灾情

/ 陕西省镇巴县小洋镇白河村白河小学院内的受
灾情况 ▌

二、干旱

1. 什么是干旱

干旱通常是指长期无雨或少雨，导致土壤和空气干燥的现象。气象干旱是指某时段由于蒸发量和降水量的收支不平衡，水分支出大于水分收入而造成的水分短缺现象。

2. 干旱的时空分布

夏旱、春旱和春夏连旱是陕西最主要的旱灾类型，但陕北、关中、陕南一年中干旱的发生时段仍有明显差异。陕南一年中各月的干旱发生情况差异较小，6 月、8 月和 11 月 3 个月略多；陕北春季多旱，3 月干旱较多，7 月为少干旱期，10 月干旱又增多；关中 3—4 月少旱，5 月增多，6 月最多，7 月减少，8 月增多，9 月减少，10 月又再度增加，呈现明显的"三起三落"现象。

　　陕西各地干旱的发生频次以陕北北部最多，其次是关中东部，再次是渭北，其后依次为关中西部、陕北南部、陕南安康、商洛，汉中最少。

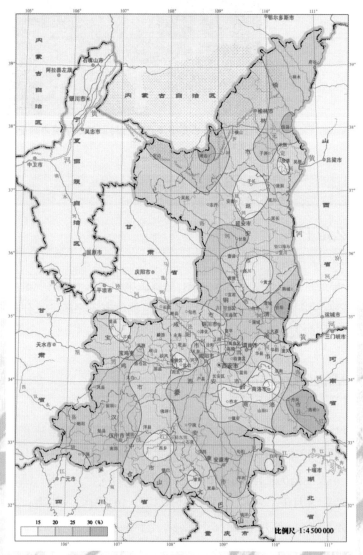

▌陕西省年干旱频率（1961—2006年平均）

3. 干旱的危害

干旱会对农业、生态环境、水资源以及社会等方面产生不同程度的危害。陕北地区本身环境较为脆弱,干旱往往造成地面植被大面积死亡、土地退化、草场退化,扬沙或者沙尘暴频发。而且陕北地区经济进入快速发展期,重大工业项目落户,造成水资源需求急剧增长,用水供需矛盾突出。关中地区人口多、城市密集、水浇地多,干旱往往造成城市生活和工业用水困难,加之水质污染严重,居民饮用水受到影响;由于干旱缺水造成地表水源不足,过度开采地下水来维持居民生活和工农业发展,导致地面下沉。陕南干旱造成径流偏枯,导致干旱缺水。

干旱对农业生产的影响和危害程度与其发生季节、时间长短以及作物所处的生育期有关。如伏旱导致关中夏玉米"卡脖"和棉花落蕾、落铃,4月份水分亏缺会影响冬小麦和冬油菜正常生长发育而导致减产甚至绝收。干旱使蝗虫大量繁殖,迅速生长,大量的蝗虫使农作物遭到破坏,从而引发严重的粮食短缺,我国古书上就有"旱极而蝗"的记载。

长期干旱导致草场荒漠化加剧

▌2009 年渭南市冬春连旱，渭南市／ ▌干旱导致玉米遭受蝗虫的侵害／
西张村的麦苗因干旱倒伏、枯黄

4. 干旱预警信号

干旱预警信号分两级，分别以橙色、红色表示。干旱指标等级划分，以国家标准《气象干旱等级》（GB/T 20481—2006）中的综合气象干旱指数为标准。

干旱橙色预警信号

标准：预计未来一周综合气象干旱指数达到重旱 (气象干旱为 25 ～ 50 年一遇)，或者某一县（区）有 40% 以上的农作物受旱。

干旱红色预警信号

标准：预计未来一周综合气象干旱指数达到特旱 (气象干旱为 50 年以上一遇)，或者某一县（区）有 60% 以上的农作物受旱。

5. 干旱灾害防御

干旱防御措施

* 注意收听、收看当地气象台发布的预报、预警信息。

* 重视预警信息，及时启动抗旱措施。气象部门发布干旱预警信号后，地方各级人民政府、有关部门和单位按照职责启动和做好防御干旱的应急工作，启用抗旱措施。有关部门启动应急备用水源，调用辖区内一切可用水源，采取多种手段保障居民和牲畜饮水。

* 建立严格的水资源管理制度，实行计划用水和节约用水，提高水资源的利用率。

* 加强节水工程建设，实现水的良性循环。

* 开展洪水、雨水的管理和利用，增加新的水源。

* 大力进行节水宣传活动，让节水意识深入人心。

* 种草种树，改善生态环境。

农村抗旱小贴士

* 兴修水利，防洪抗旱。自然降水分布并不完全符合人类生产生活的需求，修建水利工程，控制水流，进行水量的调节和分配，修建防渗渠道，配套好田间工程，具有防洪抗旱多种功能。

* 合理布局，抗旱栽培。优先保证保护地、经济作物与高产地块的灌溉用水，限制粗放型、高耗水作物灌溉用水，大力推广"旱地龙""三接管"等抗旱新产品、新技术。

* 提高水资源的利用率。早伏耕，蓄水保墒。夏秋季，对土地深耕，加深耕作层，通过微型孔隙把自然降水储存起来；伏秋深耕可以积蓄天然降水，起到"秋雨春用，春旱秋防"的作用。冬春镇压，保墒提墒。通过雨水富集技术，将降雨有效保存，可使淡季贮水旺季用，闲时贮水忙时用。农田灌溉逐步摒弃大水漫灌方法，推广喷灌、滴灌技术，既能满足农作物生长发育对水分的实际需要，又能节约大量用水。

* 通过覆盖抑制农田水分蒸发。覆盖地膜可提前播种，早出苗，还减少了土壤水分蒸发，改善土壤温度条件和生态环境，具有节水、调水作用。

* 树立保护水源的意识，清除水源周围的垃圾及污染物，将人、畜饮用水源分开，保证饮水卫生安全。

* 因地制宜实行农林牧相结合的生态结构，改善农业生态环境，可减轻或避免干旱的威胁。

从生活细节做起，节约用水

* 重复利用：将洗手、洗菜或洗衣后的水冲洗厕所，充分利用水资源。

* 洗衣：改少量、单件洗涤为衣物集中洗涤，减少洗涤剂用量。

＊ 洗浴：改过长时间不间断放水冲淋为间断放水淋浴，避免过长时间冲淋。

＊ 炊事：改水龙头大开、长时间冲洗水果蔬菜为控制水龙头流量、间断冲洗。炊具食具上的油污，先用纸擦除，再洗涤。

＊ 洗车：改直接用水管冲洗为用水桶盛水或节水喷雾水枪洗车。

三、雷电

1. 什么是雷电

雷电是在雷暴天气条件下发生于大气中的剧烈放电现象，通常在雷雨云（积雨云）中出现，有刺眼的闪光并伴有雷声。

2. 雷电的时空分布

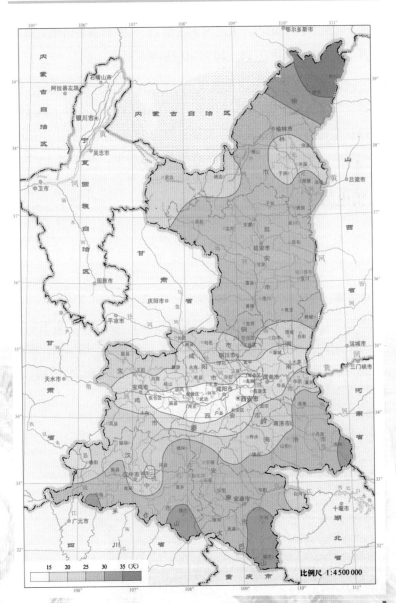

陕西省年雷暴日数（1961—2006年平均）

陕西一年四季均有雷电发生，出现最多的是夏季。夏季暖湿气流旺盛，容易发生强对流天气，雷电发生频率最高，主要集中在6月下旬至8月下旬。一天之内，陕北14—20时雷暴出现的频率最高，而关中、陕南在18—20时出现频率最高。

陕西雷电活动多发区主要集中在陕北和陕南大部分地区，这些地区年雷暴日数多在25天以上，其中榆林北部的府谷、神木年雷暴日数超过35天。关中年雷暴日数在25天以下，关中中部的咸阳南部、宝鸡东部和西安西部年雷暴日数较少，不足15天。

3. 雷电的危害

雷电释放的能量巨大，瞬间能使局部空气温度升高至数千摄氏度以上，冲击电流大，其电流可高达几万到几十万安培。雷电的冲击电压高，强大的电流产生交变磁场，其感应电压可高达万伏。它产生的冲击压力也大，空气的压强可高达几十个大气压。雷电常常造成人畜伤亡，建筑物损毁，引发火灾，造成电力、通信和计算机系统的瘫痪事故，给国民经济和人民生命财产带来巨大的损失。

闪电

4. 雷电预警信号

雷电预警信号分三级，分别以黄色、橙色、红色表示。

雷电黄色预警信号

标准：6小时内可能发生雷电活动，可能会造成雷电灾害事故。

雷电橙色预警信号

标准：2小时内发生雷电活动的可能性很大，或者已经受雷电活动影响，且可能持续，出现雷电灾害事故的可能性比较大。

雷电红色预警信号

标准：2小时内发生雷电活动的可能性非常大，或者已经有强烈的雷电活动发生，且可能持续，出现雷电灾害事故的可能性非常大。

5. 雷电灾害防御

容易遭雷击的地方

* 高耸突出的建筑物或物体，如水塔、电视塔、高广告牌、旗杆等。

* 排出导电尘埃、废气热气的厂房、管道等，或有大量金属设备的厂房。

* 旷野上孤立、突出的建筑物以及自然界中的树木。

* 屋面的突出部位和物体，如烟囱、管道、太阳能热水器、屋脊和檐角等。

发生雷电时的防御措施

* 在空旷的地方，打雷时，不要打雨伞，或扛、举长形金属物体，如铁锹、钓鱼竿、金属球杆等；最好不骑摩托车、自行车，也不要奔跑。

* 打雷时，在水边垂钓的人员应尽快离开，水上的游船、渔船应尽快靠岸，人员进入室内。

* 打雷时不要洗澡，尤其不能用太阳能热水器洗澡。

* 雷电发生时，应迅速躲入有防雷装置保护的建筑内，或者很深的山洞里面。汽车内也是躲避雷击的理想地方。如果处在空旷的地方，不要惊慌，可以就近选择地势较低的地方，双脚并拢，双手抱膝，蹲得越低越好，暂时躲避。

* 有雷电时，应关好门窗，把室内的电器电源插头拔开，断开电脑、电话的连线，尽量不要使用电话。

农村防雷小贴士

* 对距离房屋 5 米以内且高度高于房屋的树木，应对树枝进行整修，防止树干、树枝接触或靠近房屋，否则雷电就可能沿着这些树木的树干、树枝进入房屋，造成危害。

* 架设在房顶且高出屋面的电视接收天线很可能把雷电引入房屋造成危害，因此，应在打雷之前将高出屋面的天线收回。

* 打雷时，千万不要进入庄稼地的小棚房，在那里避雷雨很容易遭受雷击。

* 到野外劳作前，要注意收听、收看天气预报，看云识天，判断是否会出现雷电天气。

* 打雷时，不要到室外收取晾晒在铁丝上的衣物。

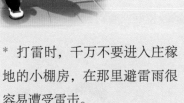

* 打雷时，不要把家畜拴在孤立的树下，不要牵着家畜的缰绳放牧或行走。

* 如果在山洞里躲避雷雨，应尽量选择靠里面的地方蹲下，不要站在山洞口，也不要靠近洞壁。

雷击急救方法

　　当人被雷击中后，人们往往会觉得遭雷击的人身上还有电，因此不敢抢救而延误了时间，其实这种观念是错误的。如果出现了因雷击昏倒而"假死"的状态时，可以采取如下的救护方法。

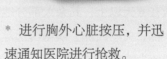

＊ 进行人工呼吸。雷击后进行人工呼吸的时间越早，对伤者的身体恢复越好。

＊ 进行胸外心脏按压，并迅速通知医院进行抢救。

＊ 如果伤者遭雷击后衣服着火了，应马上往伤者身上泼水，或用厚外衣、毯子等把伤者裹住隔绝空气，扑灭火焰。

四、大风

1. 什么是大风

　　当瞬时风速达到或超过 17.2 米 / 秒，即风力达到 8 级以上时，称为大风。

产生大风的天气系统有很多，如寒潮、雷暴、飑线、气旋等。

2. 大风的空间分布

陕西一年四季均有大风出现。春季是陕西大风出现最频繁的季节，陕北北部大风日数在 6 天以上，府谷、横山、绥德超过 12 天；陕西其余地区大风日数在 6 天以下，其中延安部分地区、关中大部、陕南大部不足 3 天。夏季陕北北部的府谷、横山、绥德等地大风日数在 6 天以上，其余大部分地区大风日数在 4 天以下，其中陕北南部、关中西部、陕南西部等地在 2 天以下。秋季是陕西大风出现较少的季节，大部分地区大风日数在 4 天以下，其中陕北南部、关中大部、陕南大部平均大风日数不足 1 天。冬季陕西大风出现频率也较低，除陕北北部以及关中、陕南受特殊地形影响的区域大风日数在 2 ~ 5 天外，其余大部地区大风日数在 2 天以下。

陕西大风多发区主要分布在陕北北部，府谷、横山、绥德年大风日数在 26 天以上。此外，年大风日数受地形影响明显，山地隘口和孤立山峰处也是大风多发区。延安大部、关中大部、陕南大部为大风少发区，年大风日数在 6 天以下，其中延安、汉中等地年大风日数不足 2 天。

大风灾害以关中地区最多，占全省风灾次数的 47%，年均发生 3.6 次。西自陇县、宝鸡，东至韩城、大荔这一横贯东西的渭北旱塬地带，年风灾次数在 10 次以上。其次是陕南，风灾次数占全省风灾次数的 29%，年均发生 2.2 次。陕北风灾次数占全省风灾次数的 24%，年均发生 1.9 次。

陕西省年大风日数（1961—2006年平均）

3. 大风的危害

　　大风是一种灾害性天气，给人们的生活、工作带来许多不便，严重时还能吹翻船只、拔起大树、吹落果实、折断电杆、倒房翻车，还能引起沿海的风暴潮，助长火灾等，造成巨大的生命和财产损失。大风灾害四季均有，范围广、灾情重。

┃被大风摧毁的大棚 ╱

4. 大风预警信号

大风预警信号分四级，分别以蓝色、黄色、橙色、红色表示。

大风蓝色预警信号

标准：24 小时内可能受大风影响，平均风力可达 6 级以上，或者阵风 7 级以上；或者已经受大风影响，平均风力为 6 ～ 7 级，或者阵风 7 ～ 8 级并可能持续。

大风黄色预警信号

标准：12 小时内可能受大风影响，平均风力可达 8 级以上，或者阵风 9 级以上；或者已经受大风影响，平均风力为 8 ～ 9 级，或者阵风 9 ～ 10 级并可能持续。

大风橙色预警信号

标准：6 小时内可能受大风影响，平均风力可达 10 级以上，或者阵风 11 级以上；或者已经受大风影响，平均风力为 10 ～ 11 级，或者阵风 11 ～ 12 级并可能持续。

大风红色预警信号

标准：6 小时内可能受大风影响，平均风力可达 12 级以上，或者阵风 13 级以上；或者已经受大风影响，平均风力为 12 级以上，或者阵风 13 级以上并可能持续。

5. 大风灾害防御

* 注意收听收看当地气象台发布的预警信息。

* 尽量减少外出，必须外出时少骑自行车，有条件的选择乘坐地铁。老人和小孩切勿在大风天气外出。

* 不要在广告牌下及广告牌倾覆的影响区内、建筑物的外立面下、临时搭建的建筑物和危房内、易碎（玻璃等）天顶下、建筑物入口处逗留、避风。

* 在房间里要小心关好窗户，在窗玻璃上贴上"米"字形胶布，防止玻璃破碎。远离窗口，避免强风席卷沙石击破玻璃伤人。

* 在公共场所，应向指定地点疏散。

* 暂停户外活动或室内大型集会。

* 如果正在开车，应将车驶入地下停车场或隐蔽处。不要将车辆停在高楼、大树下方，以免玻璃、树枝等吹落造成车体损伤。

* 准备好口罩或可以遮挡沙尘的纺织物（如毛巾、床单等），以备急需。

* 如果在乘船，要听从指挥，尽快靠岸避风。

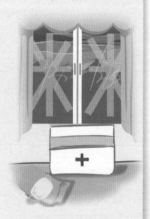

* 如果在游泳，应立刻上岸避风。

* 农村的居民要注意及时加固门窗、围挡、棚架等易被风吹动的搭建物，妥善安置易受大风损坏的室外物品。应密切关注火灾隐患，以免发生火灾时火借风势，造成重大损失。

五、高温

1. 什么是高温

日最高气温达到或超过 35 ℃时称为高温，连续 3 天以上的高温天气过程称为高温热浪。

2. 高温的时空分布

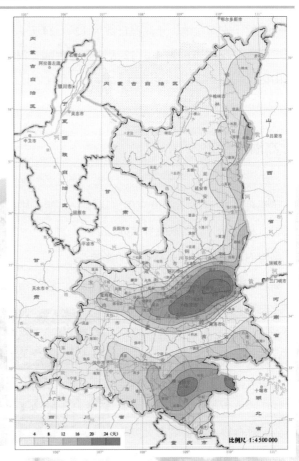

陕西省年高温日数（1961—2006年平均）

陕西区域性高温天气最早出现在 4 月下旬，最晚在 9 月下旬。关中在 6 月中旬到 8 月上旬高温过程较多，而陕南则集中在 7 月中下旬到 8 月下旬。

陕西年高温日数分布具有明显的地域性：南部和东部地区明显多于西部和北部，关中平原和安康盆地明显多于陕北高原和秦巴山地；陕北出现区域性高温日数明显少于关中和陕南，关中出现区域性高温日数稍多于陕南。年高温日数分布有 2 个高值区：一个是关中的中东部地区，全年高温日数一般有 16 ~ 28 天；另外一个位于安康盆地，年高温日数为 12 ~ 24 天。陕北黄河沿岸、关中西部、汉中东部为 4 ~ 12 天。陕北大部、汉中西部、秦岭中高山区高温日数最少，均在 4 天以下，部分地区全年无大于或等于 35 ℃高温天气出现。

3. 高温的危害

* 高温使人的身体不能适应周围环境，易使人中暑，或诱发其他疾病的发生或加重，甚至导致死亡。
* 高温对动植物的生长有一定的影响。
* 高温天气使用水量、用电量急剧上升，给城市居民的生活、生产带来很大影响。
* 高温对社会也有间接影响：高温天气使人心情烦躁，甚至会出现神志错乱，容易造成公共秩序混乱或事故伤亡；另外，高温还会导致食物中毒、城市火灾等事件的增加。

高温致青菜受损

4. 高温预警信号

高温预警信号分三级，分别以黄色、橙色、红色表示。

高温黄色预警信号

标准：连续3天日最高气温将在35℃以上。

高温橙色预警信号

标准：24小时内最高气温将升至37℃以上。

高温红色预警信号

标准：24小时内最高气温将升至40℃以上。

5. 高温灾害防御

* 炎炎夏日，请密切关注气象台的天气预报。

* 停止户外露天作业。

* 白天尽量避免或减少户外活动，尤其是10—17时不要在烈日下外出运动，以防中暑、皮肤晒伤、脱水等。

* 如有人发生中暑，应立即将病人抬至阴凉通风处或及时送医院进行救治。

* 饮食宜清淡，多喝凉茶、淡盐水、绿豆汤等防暑饮料。

* 空调温度不宜过低，尽量避免让电风扇直接吹着头部或长时间对着身体某一部位吹，预防"空调病"或"风扇病"。

* 大汗淋漓时忌用凉水冲澡，稍事歇息后再用温水洗浴。

* 不宜在阳台、树下或露天睡觉，适当晚睡早起，中午宜午睡。

* 外出涂防晒霜，打遮阳伞或戴遮阳帽，以防晒伤。

* 防止车辆自燃。

* 避免皮肤被蚊虫咬伤、开水烫伤等，预防因气温高、细菌繁殖而造成的感染。

＊ 农民群众要注意室外劳动时应戴上草帽，穿浅色衣服，并且应备有饮用水和防暑药品，如感到头晕不舒服应立即停止劳动，到阴凉处休息。

6. 高温案例

2014 年 7 月 6 日—8 月 4 日 30 天内西安出现了 18 天的高温天气，平均不到两天就出现一次高温天气，7 月 6—8 日连续 3 天出现高温天气，7 月 16—22 日出现了连续 8 天的高温天气，7 月 28—8 月 4 日又一次出现连续 7 天的高温天气。其中 7 月 21 日、22 日两天的最高气温超过了 40 ℃，分别为 40.1 ℃和 40.6 ℃，这在有气象观测资料以来还是少有的。持续高温天气导致供水、供电紧张，疾病多发，给人们正常生活带来很大影响。

2014 年 7 月陕西 19 站极端最高气温记录（单位：℃）

测站	极端最高气温	出现日期	同期历史极值	出现日期	测站	极端最高气温	出现日期	同期历史极值	出现日期
宝鸡县	41.1	2014-07-22	40.2	1974-07-09	长安	41.2	2014-07-22	41.1	1962-07-11
扶风	40.7	2014-07-22	40.2	1997-07-21	临潼	40.7	2014-07-22	40.6	1962-07-11
眉县	40.9	2014-07-22	39.5	1968-07-25	秦都	41.0	2014-07-22	40.2	1962-07-11
礼泉	40.4	2014-07-22	39.8	1962-07-15	洛南	38.4	2014-07-22	37.1	1962-07-11
永寿	37.2	2014-07-22	36.7	1997-07-21	户县	41.1	2014-07-22	40.7	1962-07-14
淳化	36.9	2014-07-22	36.6	1995-07-05	柞水	39.1	2014-07-22	37.7	1995-07-12
泾阳	41.0	2014-07-22	40.1	2002-07-12	商县	39.1	2014-07-22	38.8	1962-07-14
武功	40.4	2014-07-22	39.8	1971-07-04	镇安	41.2	2014-07-30	40.2	2006-07-19
乾县	40.0	2014-07-22	39.5	1963-07-25	山阳	40.1	2014-07-30	38.7	1966-07-20
兴平	41.4	2014-07-22	39.8	1971-07-25					

六、寒潮

1. 什么是寒潮

寒潮是指北方强冷空气南下影响，引起的剧烈降温、大风和降水天气现象。冬半年突出表现为大风和降温。

《冷空气等级》国家标准中规定的寒潮标准是：某一地区冷空气过境后，日最低气温 24 小时内下降 8 ℃或以上，或 48 小时内下降 10 ℃或以上，或 72 小时内下降 12 ℃或以上，并且日最低气温在 4 ℃或以下。

陕西省气象局对寒潮天气有以下定义：当 24 小时内陕北日平均气温下降 10 ℃以上，关中、陕南日平均气温下降 8 ℃以上，且日最低气温在 5 ℃以下；或者 48 小时内陕北日平均气温下降 12 ℃以上，关中、陕南日平均气温下降 10 ℃以上，且日最低气温在 5 ℃以下时，为一次寒潮天气过程。

2. 寒潮的时空分布

陕西寒潮天气最早出现在 9 月下旬（1967 年 9 月 26—28 日），最晚出现在 5 月中旬（1978 年 5 月 12—15 日）。平均而言，陕西寒潮天气主要出现在 10 月下旬至次年 4 月中旬，年平均为 1~2 次。寒潮出现频率最高的月份为 3—4 月，大约有 40% 的寒潮、强降温发生在此时段；其次为 11 月，约有 15% 寒潮、强降温发生在 11 月；最少月份为 9 月，约占 1%。

若以日平气温 24 小时内下降 8 ℃以上作为统一标准，则陕西寒潮天气空间分布特征为：北部多于南部，高原多于川谷。寒潮多发区集中在陕北长城沿线榆林地区，平均每年发生 2.8 次；次多发区主要包括陕北南部和关中地区，关中的西安平均每年发生 0.8 次；少发区为陕南，汉中平均每年仅发生 0.2 次。

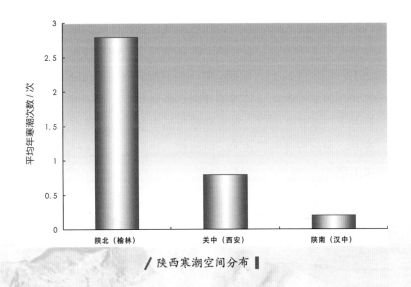

陕西寒潮空间分布

3. 寒潮的危害

寒潮是一种大范围天气过程，会造成沿途各地方的剧烈降温、大风和雨雪天气。由寒潮天气引发的大风、霜冻、雪灾、冻雨、低温冷害等灾害，对农业、交通、电力以及人们身体健康都有很大的影响。对陕西来说，由于秦岭的阻挡作用，寒潮途经陕西南下时，秦岭北侧冷空气堆积，灾害加剧，而秦岭南侧相对温暖，灾害程度较轻。

（1）寒潮对人体健康的影响

寒潮来袭对人体健康危害很大，大风降温天气容易引发感冒、气管炎、冠心病、肺心病、中风、哮喘、心肌梗死、心绞痛、偏头痛、关节痛等疾病，有时还会使患者的病情加重。

（2）寒潮对交通的影响

寒潮伴随的大风、雨雪和降温天气会造成低能见度、地表结冰和路面积雪等现象，对公路、铁路交通安全带来较大的威胁。如 2012 年 12 月 22 日，陕西全省出现寒潮天气，气温降低造成部分路段早晚路面结冰，包茂高速延靖段建华寺、化子坪、镰刀湾收费站入口禁止 7 座以上客车和危险品车辆通行。所有进山的营运客车，必须配备有三角木、防滑链、沙袋和铁锨 4 样防滑措施方可上路。

道路结冰导致车辆行驶缓慢　道路积雪导致车辆侧翻

（3）寒潮对电力的影响

寒潮造成的电线积冰会导致杆塔倒塌、导线断线等，使电网经济损失严重，恢复重建投资巨大。另外，寒潮来袭，还会加重电力部门的负荷。根据电力部门常年的经验，天越冷，电网负荷就会越大，并且增长幅度呈每年递增趋势。

（4）寒潮对农业的影响

寒潮天气对农业的影响很大。在冬春季节，寒潮大风天气常常对农作物和农业生产活动造成影响。寒潮带来的降温可以达到 10 ℃甚至 20 ℃以上，通常超过农作物的耐寒能力，使农作物发生冻害。历史上几乎每次寒潮过程都会造成大面积的农作物受害，灾害程度会因冷空气入侵范围不同而有较大差异。

4. 寒潮预警信号

寒潮预警信号分四级，分别以蓝色、黄色、橙色、红色表示。

寒潮蓝色预警信号

标准：48 小时内最低气温将要下降 8 ℃以上，最低气温小于或等于 4 ℃，陆地平均风力可达 5 级以上；或者已经下降 8 ℃以上，最低气温小于或等于 4 ℃，平均风力达 5 级以上，并可能持续。

寒潮黄色预警信号

标准：24 小时内最低气温将要下降 10 ℃以上，最低气温小于或等于 4 ℃，陆地平均风力可达 6 级以上；或者已经下降 10 ℃以上，最低气温小于或等于 4 ℃，平均风力达 6 级以上，并可能持续。

寒潮橙色预警信号

标准：24 小时内最低气温将要下降 12 ℃以上，最低气温小于或等于 0 ℃，陆地平均风力可达 6 级以上；或者已经下降 12 ℃以上，最低气温小于或等于 0 ℃，平均风力达 6 级以上，并可能持续。

寒潮红色预警信号

标准：24 小时内最低气温将要下降 16 ℃以上，最低气温小于或等于 0 ℃，陆地平均风力可达 6 级以上；或者已经下降 16 ℃以上，最低气温小于或等于 0 ℃，平均风力达 6 级以上，并可能持续。

5. 寒潮灾害防御

寒潮防御措施

* 注意收听、收看当地气象台的天气预报、预警信息。

* 外出要采取保暖防滑措施，当心路滑跌倒。

* 司机对车辆采取防滑措施，注意路况，听从指挥，慢速驾驶。

* 船舶应到避风场所避风，高空、水上等户外作业人员应停止作业。

* 处在危旧房屋内的人员要迅速撤出，尤其是遇到暴风雪时。

* 提防煤气中毒，尤其是采用煤炉取暖的居民。

* 如被暴风雪围困，尽快拨打求救电话。

谨慎预防寒潮病

* 注意防寒保暖，尤其是心脑血管疾病病人、呼吸系统感染的小婴儿等要特别当心。要特别注意头部、背部和脚的保暖，出门最好戴帽子和围巾，回家应多泡脚。有心脑血管疾病的患者一定要按时服药，定时复查。

* 如果出现了咳嗽、感冒等症状，尽量不要带病上班，多休息、多喝水，有利于快速恢复。出门时要戴口罩，避免将病菌传播给他人。

* 天气寒冷，最好居家，屋内要定时通风换气，保持一定湿度。对于喜欢晨练的老人，最好等太阳出来再锻炼，锻炼要适量。

农村防御寒潮小贴士

* 由于冷空气来时风力较大，棚架设施应注意加固，防止棚架倒塌或大风掀开棚膜加重冻害。

* 菜地和果园等应注意清沟排渍，防积水结冰加重冻害；叶菜类蔬菜可用稻草覆盖，以减轻冰冻危害。

* 蔬菜或花卉大棚加盖草垫、
  双层薄膜等保温材料，提高棚
  内温度。

* 家禽家畜等养殖户做好禽
  畜棚舍的防寒保温工作，家禽
  养殖棚内还应该增加光照时间，以增加产蛋率；水产养殖
  池注水调温，并适当减少投饵量。

6. 寒潮案例

2008 年 1 月 10—28 日，我国发生了 50 年一遇的强寒潮天气
过程，其中陕西出现持续低温雨雪冰冻等寒潮灾害天气。陕西 1
月 10—21 日连续 11 天降雪，关中的澄城、韩城分别在 12 日、13
日下了暴雪，有 20 个气象
站 1 月降雪日数为 1961 年
以来的最大值。2008 年 1
月 10—21 日为 1955 年以
来陕西唯一一次全省强连
阴雨雪天气过程，也是全
省持续时间最长、范围最
广的一次降雪过程，导致
了农作物严重减产。

寒潮造成的西红柿冻害

寒潮引发的长时间积雪、冰冻造成蔬菜叶片、茎秆机械性破损、
折断、开裂，果树树干、枝条折断、撕裂，大田作物和大棚蔬菜
生长严重受阻，植株长势变弱、苗情变差、叶片卷曲枯萎、落花

落果、根系萎蔫、病害加重，部分蔬菜失去商品价值。积雪过厚引起部分大棚倒塌，使设施农业遭受毁灭性打击。

七、冰雹

1. 什么是冰雹

　　冰雹是从云中掉落下来的冰粒或冰块，有球状、锥状或不规则形状。若仔细观察，可以发现它的中心是不透明的结构，称为雹核，外面裹有透明的冰层，或由透明的冰层与不透明的冰层相间组成。小冰雹多为球形和圆锥形，2厘米以上较大尺度的冰雹中椭球形冰雹较多。我国一些气象台站观测到的冰雹，绝大多数直径在2厘米以下。特大冰雹的传说虽然很多，但国内有实物照片的，到目前为止，

2006年5月22日，洛川县气象局地面的积雹

以重750克、最大围长44厘米的冰雹为最大。从欧美各国报道来看，直径在10厘米、重量在500克以上的冰雹也不少。1970年9月3日在美国堪萨斯州东南部观测到一个766克重、围长44厘米、等效直径为11.5厘米的冰雹。

2. 冰雹的时空分布

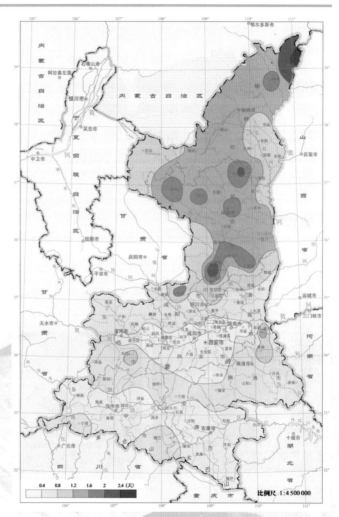

陕西省年冰雹日数（1961—2006年平均）

　　陕西12月和1月为无雹时段，2—11月都可能出现冰雹。最早出现在2月15日（1981年西安市长安区），最晚出现在11月9日（1981年乾县）。多年平均初雹日为3月17日，终雹日为10

月 21 日。陕西大部地区属于夏雹区，降雹最多时段为为 5—8 月，又以 6 月最多，其次是 7 月。10 月以后冰雹很少出现。关中造成重灾的冰雹主要集中在 5—6 月，陕北多在 7—9 月。

陕西冰雹空间分布的特点是陕北多于关中、陕南，关中的北部塬区多于关中南部川道，陕南山区多于河谷。渭北及陕北年冰雹日数一般有 1 ~ 2 天，府谷、子长、黄龙、宜君、旬邑为强中心，年冰雹日数在 1.5 天以上，其中最大为府谷、宜君，年冰雹日数均为 2.5 天。关中南部及秦岭以南为冰雹少发区，年冰雹日数均在 1 天以下。

3. 冰雹的危害

冰雹虽然出现的范围小、时间短，但对农业、交通运输、通信、电力及人身安全等会造成严重的危害。冰雹直径越大，降到地面的末速度越大，造成的危害程度越高。

▌被冰雹砸烂的玉米地／   ▌被冰雹砸烂的苹果／

据不完全统计，陕西省每年约有 1 万公顷农田不同程度遭受冰雹的危害。2015 年 7 月 14—26 日，全省境内共计有 7 个地市 43 个县区遭受冰雹袭击，损失惨重。最大冰雹直径达 40 毫米，出现在麟游县和陇县，持续降雹时间达 10 ~ 40 分钟。冰雹造成烤烟、玉米、苹果、核桃等农作物受灾，部分农田绝收，仅铜川市的受灾面积就达15万亩①；有少量储物房屋倒塌，一些住宅房屋的瓦片、门窗玻璃被打坏，直接经济损失约3亿元。

冰雹对人体的损伤主要是冰雹粒子在高速下落过程中对人体所造成的物理性伤害，常引起淤血、肿胀、骨折，甚至危及生命。

4. 冰雹预警信号

冰雹预警信号分两级，分别以橙色、红色表示。

冰雹橙色预警信号

标准：6小时内可能出现冰雹天气，并可能造成雹灾。

冰雹红色预警信号

标准：2小时内出现冰雹可能性极大，并可能造成重雹灾。

5. 冰雹灾害防御

冰雹防御措施

* 注意收听收看当地气象台的天气预警、预报信息。

* 及时躲避到附近的房屋、立交桥下、地下通道等有结实天顶的建筑物内。

* 不要在广告牌下、玻璃幕墙附近、建筑物的外立面下、易碎（玻璃等）天顶下、建筑物入口处、大树下停留、避险。

① 1亩≈666.7米²，下同。

* 固定房屋的门窗，避免来回晃动，远离窗口，防止玻璃破碎伤人。

* 暂停一切户外活动。在公共场所，应向指定地点疏散。

* 对受创伤流血人员应及时进行止血包扎；对有淤血、肿胀的受伤人员，可用布、毛巾、塑料袋、玻璃瓶、杯碗等导热物品装入散落地面的冰雹置于受伤处进行冰敷；有严重受伤人员请及时送往医院救治或拨打"120"急救电话呼叫救护车。

* 若正在道路上行车，应将车辆驶入地下停车场或靠路边停车，等降雹结束后再行车。注意降雹后地面积雹对车辆制动性能和行车稳定性的影响，防止制动失效、侧滑造成交通事故。

* 如果在乘船，要听从指挥，进入船舱并尽快靠岸避险。

* 如果在游泳，应立刻上岸避险。

* 降雹后出行人员注意地面积雹，防止摔倒受伤。

农村防雹小贴士

* 及时躲避到附近的房屋、涵洞、自然洞穴等有结实天顶的场所内。

* 远离河道、沟渠、水库、山崖、高压线路等危险地带。

* 在无法寻找到坚固遮挡物的野外，应寻找背风坡避险，以减少冰雹的袭击，并以双臂交叉护住头和脸部，曲体下蹲，手背部向上，尽量减少身体的暴露面积，临时躲避。

* 应切断种植大棚内的水、电供给，防止次生灾害的发生。

* 降雹后，应及时清除积雹，防止低温对作物造成二次伤害。

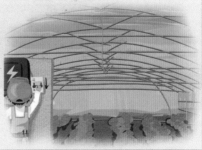

6. 人工防雹的历史

人工防雹历史悠久，自古以来，人们就幻想能够控制天气。17世纪末，中国清代的《广阳杂记》就载有："平凉一带，夏五六月间常有暴风起，黄云自山来，风亦黄色，必有冰雹，大者如拳，小者如栗，坏人苗田，此妖也。土人见黄云起，则鸣金鼓，以枪炮向之施放，即散去。"这是中国古代用土炮防雹的生动描述。

陕西陇县发现了清朝道光年间人工防雹的土炮，距今有190多年的历史。

然而科学的人工影响天气是在美国的诺贝尔奖获得者朗格缪尔的指导下，于20世纪40年代末在实验室的试验基础上发展起来的。1946年美国的谢弗用干冰对层积云进行催化试验，发现云中过冷却水滴很快转化为成群的冰晶，不断增大并从云底下落，在云中留下一个明显的空洞。接着，谢弗和万涅古特发现了可使过冷却云中产生冰胚的催化剂——碘化银。至今，高炮、火箭防雹使用的催化剂仍然是碘化银。

▌进行防雹作业的三七高炮▐

▌进行防雹作业的 WR-1B 移动车载火箭▐

八、大雾

1. 什么是大雾

　　大雾是指由于近地层空气中悬浮的无数小水滴或小冰晶造成水平能见度不足 500 米的一种天气现象。

2. 大雾的时空分布

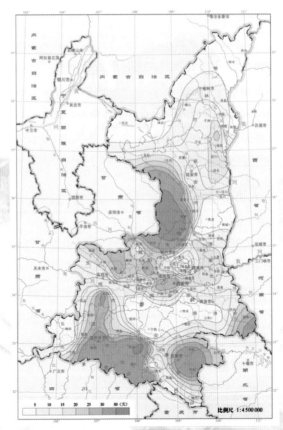

/ 陕西省年雾日数（1961—2006 年平均）|

秋冬季（9—12月）是陕西大雾的高发季节。

陕西大雾地域分布呈现三高三低的态势。第一个高值中心位于陕北黄土高原宜君—洛川一带，第二个高值中心位于汉江中游的石泉—汉中附近，第三个高值中心就是西安市。三个低值中心，一个位于陕北榆林地区，另外两个低值中心分别位于关中平原的东西口。西口以宝鸡为代表，雾日最少，平均年雾日为8～10天；东口以柞水、镇安为代表，为全省雾日最少地区。

3. 大雾的危害

大雾天气导致地面能见度降低，造成大批航班延误或取消，地面交通事故增加。大雾天气还会导致"污闪"事故的发生，使电力输送中断。大雾天，空气的污染程度加重，组成雾核的有害颗粒物很容易被人体吸入，引起鼻炎、咽炎、支气管炎等疾病高发；有害雾滴附着在农作物的叶片、果实上，会使叶片、果实长斑点，并能促进霉菌的生长。

4. 大雾预警信号

大雾预警信号分三级，分别以黄色、橙色、红色表示。

大雾黄色预警信号

标准：12小时内可能出现能见度小于500米的雾，或者已经出现能见度小于500米、大于或等于200米的雾并将持续。

大雾橙色预警信号

标准：6小时内可能出现能见度小于200米的雾，或者已经出现能见度小于200米、大于或等于50米的雾并将持续。

大雾红色预警信号

标准：2 小时内可能出现能见度小于 50 米的雾，或者已经出现能见度小于 50 米的雾并将持续。

5. 大雾灾害防御

* 大雾天气少出门，尽量减少户外活动。

* 外出时带上口罩。

* 注意交通安全，开车遇大雾时，开启雾灯，应严格控制车速。

九、霾

1. 什么是霾

霾是指大量极细微的干尘粒等均匀地悬浮在大气中，使水平有效能见度小于 10 千米的空气普遍浑浊现象。霾使远处光亮物体微带黄、红色，使黑暗物体微带蓝色。霾与雾的区别在于霾是由大量极细微的干尘粒组成的，而雾是由大量微小水滴（或冰晶）悬浮在空中形成的，是近地面层空气中水汽凝结的产物。发生霾时相对湿度不大，而雾中的相对湿度是近饱和的。霾的厚度比较厚，可达 1 千米以上，并分布比较均匀，从地面看没有明显的边界；而雾的厚度比较浅薄，主要发生在近地面层中，边界比较明显。

2. 霾的时空分布

陕西霾主要发生在秋冬季节，主要集中在渭河河谷地带，大城市、重工业城市等为高发地区。1979 年以来，随着城市化进程的加快，陕西各城市观测到的霾日数有增加的趋势；但近年来，随着清洁能源的使用和大气污染治理力度加大，霾的发生次数和严重程度有所减缓。

3. 霾的危害

霾笼罩下的城市

霾的组成成分非常复杂，包括数百种大气颗粒物。其中有害人类健康的主要是直径小于 10 微米的气溶胶粒子，如矿物颗粒物、海盐、硫酸盐、硝酸盐、有机气溶胶粒子等。这些气溶胶粒子大部分均可被人体呼吸道吸入，尤其是亚微米粒子会分别沉积于上、下呼吸道和肺泡中，引起鼻炎、支气管炎等病症，长期处于这种环境还会诱发肺癌。此外，霾天气导致近地层紫外线的减弱，易使空气中的传染性病菌的活性增强，传染病增多。

霾还会影响交通安全。出现霾天气时，大气能见度低，易造成航班延误、取消，高速公路封闭，海陆空交通受阻，事故频发。

4. 霾预警信号

霾预警信号分为三级，以黄色、橙色和红色表示，分别对应预报等级用语的中度霾、重度霾和严重霾。

霾黄色预警信号

 标准：预计未来 24 小时内可能出现下列条件之一并将持续，或实况已达到下列条件之一并可能持续：

（1）能见度小于 3 000 米且相对湿度小于 80% 的霾。

（2）能见度小于 3 000 米且相对湿度大于或等于 80%，PM2.5 浓度大于 115 微克 / 米³ 且小于或等于 150 微克 / 米³。

（3）能见度小于 5 000 米，PM2.5 浓度大于 150 微克 / 米³ 且小于或等于 250 微克 / 米³。

霾橙色预警信号

 标准：预计未来 24 小时内可能出现下列条件之一并将持续，或实况已达到下列条件之一并可能持续：

（1）能见度小于 2 000 米且相对湿度小于 80% 的霾。

（2）能见度小于 2 000 米且相对湿度大于或等于 80%，PM2.5 浓度大于 150 微克 / 米³ 且小于或等于 250 微克 / 米³。

（3）能见度小于 5 000 米，PM2.5 浓度大于 250 微克 / 米³ 且小于或等于 500 微克 / 米³。

霾红色预警信号

标准：预计未来 24 小时内可能出现下列条件之一并将持续，或实况已达到下列条件之一并可能持续：

（1）能见度小于 1 000 米且相对湿度小于 80% 的霾。

（2）能见度小于 1 000 米且相对湿度大于或等于 80%，PM2.5 浓度大于 250 微克 / 米^3 且小于或等于 500 微克 / 米^3。

（3）能见度小于 5 000 米，PM2.5 浓度大于 500 微克 / 米^3。

5. 霾的防御

* 注意收听、收看当地气象台发布的天气预报。

* 车辆、行人都要遵守交通规则，在霾天不闯红灯、不加塞车、不开快车。霾天在高速公路上行驶，注意降低车速。

* 减少灰尘生产源地。严防渣土车洒落渣土，严控基建工地灰尘污染周围环境。

* 出现霾天气时，居室应关闭门窗，使用空气净化器，改善室内空气质量，等到霾消散时再开窗换气。

* 城市道路增加洒水频率。

* 霾天避免或减少外出，停止晨练和一些剧烈的运动。在户外时戴上口罩，保护好皮肤、口鼻等部位，老人、儿童和体弱病人等人群更要注意防护。外出归来应立即洗手、洗脸、漱口、清理鼻腔及清洗裸露的肌肤。

* 遇有霾天气时，使用燃煤取暖的用户须注意防范煤气中毒。

6. 减少霾的措施

* 建立环保观念。减少企业废气排放，减少污染源。

* 在城市规划中，高楼规划为与冬季盛行风走向一致的带状分布，打开"风道"，让新鲜空气流进来吹散霾。

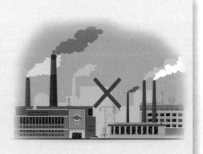

* 汽车尾气是一个重要的污染源，鼓励绿色出行。

* 增加城市绿化面积。

* 在农村加大执法力度，杜绝焚烧秸秆、乱烧垃圾现象。

十、暴雪

1. 什么是暴雪

暴雪是指 24 小时降雪量超过 10 毫米的降雪。

2. 暴雪的时空分布

陕西暴雪天气 2 月份出现的次数最多，其次是 1 月份。

从年代际变化来看，20 世纪 60 年代陕西各地暴雪发生频次最低；20 世纪 70 年代陕西各地暴雪发生频次较 20 世纪 60 年代有所上升；20 世纪 80 年代陕西各地暴雪发生频次较 20 世纪 70 年代有所下降；20 世纪 90 年代，汉中、铜川暴雪发生频次达到最高，商洛暴雪发生频次与 20 世纪 70 年代持平，其余地市暴雪发生频次低于 20 世纪 70 年代。

陕西年降雪日数分布具有山区多、平原少，中西部地区多、南部少的特点。从北部白于山、黄龙山，经子午岭东南部到六盘山东部和秦岭一线，年降雪日数为 20 ~ 50 天，其中大于 30 天的区域分别位于子午岭、宝鸡北部和南部的秦岭，秦岭太白山最多达到 50 天。陕北北部的榆林地区，关中东部的西安、渭南，陕南的汉中和安康北部的部分地区年降雪日数为 10 ~ 15 天。汉中东部到安康西部的汉江河谷地区降雪较少，年降雪日数不足 10 天。

3. 暴雪的危害

暴雪造成的积雪会使蔬菜大棚、房屋等被压垮，树木被压断；输电、通信线路等被压断，造成大面积的停电事故；道路被积雪掩埋，公路、铁路和航空运输受阻，人们出行受到影响；低温使农作物遭受冻害，导致农业歉收或严重减产。

连续不断的降雪还会造成雪崩。在山区，积雪超过一定厚度，积雪之间的附着力支撑不住积雪的重力时，便会发生雪崩现象。雪崩能摧毁森林，掩埋房屋、交通线路、输电和通信设施。同时，它还能引起山体滑坡、泥石流等灾害。

/ 暴雪造成的积雪 ▮

4. 暴雪预警信号

暴雪预警信号分四级，分别以蓝色、黄色、橙色、红色表示。

暴雪蓝色预警信号

标准：12 小时内降雪量将达 4 毫米以上，或者已达 4 毫米以上且降雪持续，可能对交通或者农牧业有影响。

暴雪黄色预警信号

标准：12 小时内降雪量将达 6 毫米以上，或者已达 6 毫米以上且降雪持续，可能对交通或者农牧业有影响。

暴雪橙色预警信号

 标准：6 小时内降雪量将达 10 毫米以上，或者已达 10 毫米以上且降雪持续，可能或者已经对交通或者农牧业有较大影响。

暴雪红色预警信号

 标准：6 小时内降雪量将达 15 毫米以上，或者已达 15 毫米以上且降雪持续，可能或者已经对交通或者农牧业有较大影响。

5. 暴雪灾害防御

* 注意收听、收看当地气象台发布的预报、预警信息。

* 关好门窗，固紧室外搭建物。

* 注意添衣保暖，尤其是要做好老弱病人的防寒工作。

* 外出要采取保暖防滑措施，当心路滑跌倒。

* 司机要对车辆采取防滑措施，注意路况，听从指挥，慢速驾驶。

* 如被暴风雪围困，尽快拨打求救电话。

* 处在危旧房屋内的人员要迅速撤出，尤其是遇到暴风雪时。

* 提防煤气中毒，尤其是采用煤炉取暖的居民。

* 交通部门做好道路融雪融冰准备，如遇道路积雪结冰严重，可封闭道路。

* 农业要积极采取防冻措施。

6. 暴雪案例

2009 年 11 月 9—11 日，西北地区东部、华北、黄淮等地出现历史同期罕见暴雪，陕西中部、宁夏、河北、山西、河南的暴雪事件达 60 年一遇，局部达百年一遇。据初步统计，陕西省因灾死亡 5 人，受伤 36 人，40 多万人受灾。

2009 年 11 月 12 日 11 时 50 分，洛南县甘河农贸市场大棚因积雪导致突然坍塌，造成 2 死 17 伤

十一、沙尘暴

1. 什么是沙尘暴

沙尘暴是指强风将地面尘沙吹起，使空气很混浊，水平能见度小于 1 千米的天气现象。

2. 沙尘暴的时空分布

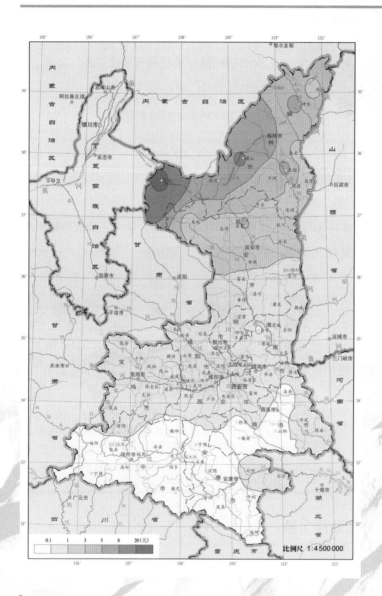

▌陕西省年沙尘暴日数(1961—2006年平均)▐

陕西沙尘暴春季（3—5月）最多，占全年的68.7%；冬季（12月—次年2月）和夏季（6—8月）较少，共占全年的27.2%；秋季（9—11月）最少，仅占4.1%。春季沙尘暴又以4月最多，占全年32.1%，秋季沙尘暴以9月最少。

陕西沙尘暴主要分布在陕北。陕北北部长城沿线风沙区，包括定边、靖边、横山、榆林、神木、府谷等地的北部和佳县西北部，是陕西沙尘暴最多的地区，平均年沙尘暴日数多数县在3天以上，定边、靖边、横山、榆林最多，高于10天，定边达29天。长城沿线以南至洛川、渭北黄土高原，是陕西沙尘暴天气的次多发区，平均年沙尘暴日数延安以北为2～5天，南部地区为1～2天。关中、陕南沙尘暴天气较少，关中大部地区少于1天，陕南有22个站从来没有出现过一次沙尘暴天气。

3. 沙尘暴的危害

生态环境恶化。沙尘暴会使地表层土壤风蚀、沙漠化加剧；大片农田被沙埋或遭风蚀刮走沃土；覆盖在植物叶面上厚厚的沙尘，影响植物正常的光合作用，造成农作物减产。

工业生产受影响。伴随沙尘暴过境，常会出现高压打火、输电网络跳闸、通信干扰等现象，易造成停水、停电、停产。大气中沙粒含量过高，容易影响精密度仪器和工业生产的产品质量。

生命财产损失。沙尘暴伴随的大风有时会摧毁地面的设施，造成财产损失，还会危及人身安全，造成重大事故。

影响交通安全。沙尘暴的出现使水平能见度极差，给交通造成极大影响。沙尘暴还会导致风蚀路基，破坏路基的稳定性；流沙掩埋路面，导致交通中断或者增加行车危险。

　　危害人体健康。沙尘暴发生后，空气变得污浊，空气质量非常差，大气污染加剧，当人暴露于此种空气中时，携带各种有毒化学物质、病菌等的尘土可透过层层防护进入到口、鼻、眼、耳中。这些含有大量有害物质的尘土若得不到及时清理，将对这些器官造成损害，或病菌以这些器官为侵入点，引发各种疾病。

▌沙尘暴影响交通安全▌

▌沙尘暴危害人体健康▌

4. 沙尘暴预警信号

　　沙尘暴预警信号分三级，分别以黄色、橙色、红色表示。

沙尘暴黄色预警信号

　　标准：12 小时内可能出现沙尘暴天气（能见度小于 1 000 米），或者已经出现沙尘暴天气并可能持续。

沙尘暴橙色预警信号

　　标准：6 小时内可能出现强沙尘暴天气（能见度小于 500 米），或者已经出现强沙尘暴天气并可能持续。

沙尘暴红色预警信号

　　标准：6 小时内可能出现特强沙尘暴天气（能见度小于 50 米），或者已经出现特强沙尘暴天气并可能持续。

5. 沙尘暴灾害防御

* 注意收听、收看当地气象台发布的沙尘暴天气最新动态。

* 及时关闭门窗,必要时可用胶条对门窗进行密封。

* 外出时要戴口罩,戴帽子或用纱巾蒙住头,以免沙尘侵害眼睛和呼吸道而造成损伤。

* 机动车和非机动车应减速慢行,谨慎驾驶。行人过马路先看红绿灯,行走斑马线,特别注意交通安全。

* 妥善安置易受沙尘暴损坏的室外物品。

* 加强环境的保护,恢复植被,防止土地沙化。

* 制定防灾、抗灾、救灾规划,完善区域综合防御体系。

6. 沙尘暴灾害案例

1983 年 4 月 27—28 日,陕西出现了一次大范围的沙尘暴天气。榆林大风持续 20 多个小时,农田被沙掩埋;定边死亡 6 人,失踪 10 人，羊死亡 7 972 只，农田损失约 7 000 公顷，大风还造成大量树木倒折。据定边气象站气象月报表和年报表等资料记载，4月 27—28 日沙尘暴初始，白日顿成黑夜，天昏地暗，伸手不见五指。沙尘暴来临前，陕北定边等地可观测到约 1 000 米高的风墙滚滚而来。锋面过境前后气象要素演变十分剧烈，瞬时风速超过 30 米/秒。

十二、连阴雨

1. 什么是连阴雨

连阴雨是指观测站连续 3~5 天或以上日降水量 ≥ 0.1 毫米，且观测站过程降水量 > 20 毫米的降水天气。若观测站连续 2 天无大于或等于 0.1 毫米降水，则认为连阴雨天气结束。

2. 连阴雨的时空分布

陕西连阴雨天气四季分布不均。连阴雨天气在 3—11 月均可发生，主要集中在 7—9 月。关中、陕南 80% ~ 90% 的连阴雨发生在 7—9 月，陕北 60% ~ 80% 的连阴雨发生在 7—9 月。

陕西年连阴雨出现次数从陕南到陕北呈递减趋势。榆林发生次数最少，多数地区少于 2 次；延安 2~4 次；关中 4~5 次；陕南 5 次以上，其中陕南汉中和安康发生次数最多，局部地区达 8 次以上。

陕西省年连阴雨次数(1961—2006年平均)

3. 连阴雨的危害

（1）连阴雨对农作物的危害

在农作物生长发育期间，连阴雨天气使空气和土壤长期潮湿，日照严重不足，影响作物正常生长；在农作物成熟收获期，连阴雨可造成果实发芽霉烂，导致农作物减产。

▌蔬菜涝灾▕

（2）连阴雨对人民群众财产的危害

* 持续性降水极易导致年久失修的房屋、窑洞、围墙坍塌，危及生命财产安全。

* 长期连阴雨导致土壤水分过饱和，遇强降水可引发洪涝等气象灾害和泥石流滑坡等地质灾害，导致人畜被淹，房屋和铁路、公路、桥涵等被淹没或摧毁，造成重大人身伤亡和财产损失。

* 连阴雨还可引起食品、衣服、药材、书籍、纸张等物品的霉变，给人们带来经济损失。

（3）连阴雨对人体的危害

* 连阴雨给居民生活带来不便，影响人的身体和心理健康。

* 阴雨连绵，空气潮湿，适合各种霉菌的生长和繁殖。特别是原来在人体皮肤上处于"休眠"状态的霉菌会"死灰复燃"，引发皮癣和脚癣，有些霉菌还会在人体内部生长繁殖，引起霉菌性肺炎等。

* 风湿性关节炎、类风湿性关节炎病情易加重或恶化，腰背劳损处、扭伤处、骨折处和手术切口等部位及邻近关节常发生疼痛。

* 阴雨天的气压、气温、空气湿度等气象要素变化较大，容易导致人体的植物神经功能紊乱，血管收缩，血流受阻，血压上升。

* 连绵的阴雨天气使人的心情比较忧郁。

* 连阴雨天闷热潮湿环境下食物易发霉变质，吃后可直接或间接引起中毒。

4. 连阴雨灾害防御

连阴雨防御措施

* 注意收听、收看当地气象台的天气预报。

* 阴雨天要尽量保持身体的干爽，若淋了雨要尽快擦干身体，换上干衣服，以免着凉。

* 体质较弱的市民，更要注意保暖，一旦出现不适症状要尽快就医。

* 连阴雨天要尽量保持室内空气流通，必要时可用吸湿器或干燥机降低室内湿度。

* 应做好衣物、药物、书籍等物品的防霉工作。衣物必须彻底晾晒或烘干才能入柜贮存，使用防霉防蛀剂可起到一定的保护作用。

* 在持续的阴雨天里，家长可带孩子去正规医院做身体检查，并遵照医嘱给孩子适量补充钙剂及维生素 D。

* 患有心脑血管疾病者应遵照医嘱坚持服药，定期测量血压，控制血糖血脂，并根据天气变化及时添加衣物，特别要注意护脚。

* 不要食用被霉菌污染的食物，误食霉变食物可引起急性或慢性中毒。

* 雨天时晨练最好暂停。

* 阴雨天易使人情绪低落，要注意调节情绪，适当参加体育锻炼。

农村防御连阴雨小贴士

* 加强塌方、山体滑坡等气象次生灾害的防范，及时搬离危旧房屋，需要撤离的要严格按照当地政府确定的路线、方式撤离。

* 地质灾害来临前往往有征兆，比如滑坡前缘、后缘和地表出现异常，建筑物出现开裂、变形，坡脚处流水突然变浑或断流，水井、池塘等水位突变或变浑浊，动物出现异常现象等。当发现时，应及时报告当地政府或国土资源主管部门。

* 及时清沟排水，除湿防渍。利用降水间歇及时清理沟渠，确保排水畅通，减轻渍害，减少烂根烂苗现象发生，促进根系稳健生长。

* 加强大棚作物管理。适时揭膜通风，降低棚内湿度，适当施肥，提高作物生长力，继续做好防冻保暖工作。同时应把握时机，抢播抢种，有条件的育苗大棚要适当进行补光，以减少损失。

* 及时防治病虫害。阴雨天气下土壤湿度大，易引发各类作物病虫害。应及时了解天气动态，抓住有利时机，及时防治或适时喷施叶面肥，提高植株抗病力，以减少病害的发生和危害。

5. 连阴雨灾害案例

2011 年 9 月开始，陕西出现了一次秋季连阴雨天气过程，为 1961 年以来历史同期最强秋季连阴雨天气。9 月 3—20 日的连阴雨天气过程期间，有 8 个暴雨日、165 站次暴雨、5 站次大暴雨。暴雨洪涝及其次生灾害共造成全省 10 市 1 区 518.72 万人受灾，58 人死亡，农作物受灾 38.856 万公顷，绝收 5.467 万公顷，倒塌房屋约 14.72 万间，损坏房屋 26.06 万间。长时间连阴雨导致秋粮作物贪青晚熟，质量产量下降。此次连阴雨天气过程共造成直接经济损失 83.75 亿元。

十三、霜冻

1. 什么是霜冻

霜冻是指靠近地面的气温降到 0 ℃或以下，使植物受到冻害的一种农业气象灾害。霜和霜冻虽形影相连，但危害庄稼的是"冻"不是"霜"。霜是夜间地面冷却到 0 ℃以下时，空气中的水汽凝华在地面或地物上形成的冰晶。霜本身对作物并没什么危害，生成霜时的低温才是危害作物的元凶。

2. 霜冻的时空分布

陕西霜冻灾害的类型主要是秋季初（早）霜冻和春季终（晚）霜冻，部分年份出现冬季的霜冻害。初霜冻出现的日期，陕北西北部在 9 月底，较陕北东部早 10 天左右；关中各地在 10 月中下旬；陕南大部分地区在 11 月中旬。终霜冻具有南早北迟、东早西迟的特点：陕南在 3 月中旬至 4 月上旬；关中南部在 3 月下旬，北部则在 4 月上中旬，长武、彬县可晚至 4 月下旬；陕北西部在 5 月上中旬，东部和北部大多在 4 月中下旬，而沿黄河的佳县、吴堡则为 3 月下旬。

由于春、秋季冷空气活动强度和进退时间的不确定性，霜冻的初、终日极不稳定，年际变化大。最早初日与最晚初日可相差一个月，最早终日与最晚终日可相差 40 天，霜期最长年份与最短年份可相差两个月。

陕西霜冻期的分布特点是西部长于东部，北部长于南部，海拔高的地方长于海拔低的地方，山麓长于川道。其中陕北的志丹、吴旗、定边、靖边、安塞、甘泉和榆林到绥德一带为 200 ~ 220 天，其余各地为 160 ~ 200 天；关中大部分地区为 140 ~ 160 天；陕南沿汉江各地区东部为 100 ~ 200 天，西部（洋县以西）及大巴山区为 120 ~ 130 天。

3. 霜冻的危害

陕北和陕南的中高山农业区以秋霜冻为主，往往危害秋作物的正常成熟和产量品质，造成严重减产。春霜冻主要危害陕北、关中地区的棉花、春播作物幼苗和苹果（梨）的正常授粉及"拔节"前后的冬小麦、油菜等，在陕南地区春霜冻主要危害水稻育秧和越冬油菜等。近 50 年来几乎每 2 ~ 3 年就有一次不同范围的春霜冻灾害，有时连年发生，对农作物产生较大危害。

/ 遭受霜冻害的蔬菜 ▌

4. 霜冻预警信号

霜冻预警信号分三级，分别以蓝色、黄色、橙色表示。

霜冻蓝色预警信号

标准：48 小时内地面最低温度将要下降到 0 ℃以下，对农业将产生影响，或者已经降到 0 ℃以下，对农业已经产生影响，并可能持续。

霜冻黄色预警信号

标准：24小时内地面最低温度将要下降到 −3℃以下，对农业将产生严重影响，或者已经降到 −3℃以下，对农业已经产生严重影响，并可能持续。

霜冻橙色预警信号

标准：24小时内地面最低温度将要下降到 −5 ℃以下，对农业将产生严重影响，或者已经降到 −5 ℃以下，对农业已经产生严重影响，并将持续。

5. 霜冻灾害防御

霜冻是一种农业气象灾害，目前在大范围防霜冻问题上，仍然缺乏非常有效的解决方法，是一个世界性的难题。

灾前防——趋利避害，防范霜冻

* 促进作物早熟、缩短作物生长期，以避开秋霜冻的危害。常采用的方法包括地膜覆盖、实施田间管理等。

* 作物在不同生长发育期对低温的敏感性不尽相同，大多数作物在苗期抗低温能力强，而在开花与生殖生长等发育时期，抗低温能力较弱，因此，通过调节作物的发育时期，也可以有效躲避霜冻危害。

* 选择适宜的作物品种、播种期和移栽期可以有效减少霜冻危害。例如，春天播种，要尽量避开霜冻期，蔬菜的移栽要选择在霜冻结束后的晴暖天气里进行。

另外，适时追肥灌溉、中耕除草、开展病虫害防治等，也可以促进作物健壮生长发育，提高自身的抗低温能力。

灾中避——在小的尺度上利用各种技术躲避霜冻

* 烟雾防霜法是古老的防霜冻方法之一，主要是通过点燃杂草、谷壳、秸秆等物体，或施放烟幕弹，生烟发热，在近地面层形成一层烟雾，以提高农田近地层的气温。目前大面积防霜仍然采用此法。

* 灌溉喷雾法是利用水比热大、放热缓慢的物理特性，达到阻止降温、保护农作物的方法。在霜冻来临时，及时对农田进行灌溉，可明显提高农田夜间的温度。

* 空气扰动法是将近地层大气上下扰动混合，将上层热量传输到地表面，弥补因地面强烈辐射而损失的热量，减缓气温持续下降引发霜冻。

* 覆盖保温法是利用秸秆、树叶、草帘、薄膜等简易覆盖在农作物上，预防苗期霜冻。更简单的覆盖是利用沙土培埋幼苗，也具有一定的防霜效果。

灾后救——减灾补救，把住防霜最后一道防线

采取霜后减灾技术，是综合防霜技术体系"三道防线"中的最后一道防线。对轻微受害的作物可通过及时灌水施肥、病虫害防治、适时中耕等措施，促进作物恢复生长。对于受害惨重很难恢复生长的作物，则要采取改种、移栽补苗等措施加以补救。

农民防霜冻小贴士

* 春季乍暖还寒，冬小麦返青谨防晚霜冻

冬小麦返青后，一旦遇上低温，尤其是晚霜冻，最容易遭受冻害。冬小麦防御晚霜冻的措施分为长期性和临时性措施。

长期性措施有：选择良种、适时播种、培育壮苗、巧施氮肥、多施磷肥等。入春后对麦田进行中耕松土，能提高麦田地温 $1 \sim 2$ ℃，并起到保墒作用，减轻冻害。

临时性措施有：熏烟法，主要是用柴草、锯末等燃烧造烟，能提高叶面温度 $1 \sim 2$ ℃，但有时风速较大或没有逆温层则效果不明显。还有人工造雾法，利用硝铵、沥青、废柴油、锯末等配制成人工烟雾剂，进行大面积的造雾防霜，在浓的烟雾区内温度可提高 $1 \sim 2$ ℃，可减轻霜冻害。

若小麦遭受晚霜冻害后，应禁止打霜、扫霜。冻后应及时追肥浇水，以促进受冻小麦迅速恢复生长。

* 果树应对春季花期霜冻害

陕西主要果树的开花期一般在 3 月下旬至 5 月上旬。而关中南部春季晚霜冻的结束期在 3 月下旬到 4 月上旬，北部则在 4 月中下旬。陕北春季晚霜冻的结束期较晚，可至 5 月上中旬，其中志丹县最晚为 5 月 13 日。

在春季花期，应采取"避""抗""防""补"等措施，调控林间小气候，减轻灾害损失。

避：通过选育品种，对冬春果园覆草、灌水和树干涂白等方法，人为推迟果树花期。

抗：通过高接换种，早春刨园、追肥、灌水，疏除过密枝、徒长枝，防止抽条等技术措施，增强树势。

防：通过烟熏、灌溉以及喷防冻药物，抵御霜冻害的危害。

补：灾后及时进行灾情调查和评估，通过喷施硼、磷酸二氢钾，剪除受伤枝叶，喷施农药等措施补救。

温室大棚等设施农业防霜冻措施

* 塑料拱棚预防霜冻措施

①在刚定植，处于幼苗期的塑料拱棚内加挂防冻幕（沿拱棚四周进行悬挂），或在大拱棚内加盖小拱棚，或在植株上直接铺盖一层地膜，也可在每天下午 5 点以后用塑料营养钵、花盆、泥碗等将幼苗扣住，进行保温，预防霜冻。上午 9 点以后气温回升后逐渐撤去覆盖物。

②在刚定植，处于幼苗期的塑料拱棚内灌水，水量以半沟为宜，增加棚内湿度。

③对尚未定植的塑料拱棚，以保温为主，棚内地温稳定通过 14 ℃时，选择晴天上午再定植幼苗。

④在定植幼苗的塑料拱棚内，采取措施，防病、增温、降湿。

* 日光温室预防霜冻措施

①坚持早揭晚盖草苫，及时关闭风口，确保植株生长适宜的温度。

②育苗温室加强保温、增温措施，管护好近期准备定植的幼苗。

十四、道路结冰

1. 什么是道路结冰

道路结冰是指降水碰到温度低于 0 ℃的地面而出现的积雪或结冰现象。通常包括冻结的残雪、凸凹的冰辙、雪融水或其他原因的道路积水在寒冷季节形成的坚硬冰层。

2. 道路结冰的时空分布

陕西道路结冰的易发季节是 11 月到次 3 月（即冬季和早春）。尤其是陕北、渭北和秦岭山区，常常出现道路结冰现象。在初冬或初春，降雪结束以后，天气转晴，白天气温回升以及车辆行驶带来的热量使积雪融化；到夜间气温下降，地面温度低于 0 ℃时，道路的积雪融水就会凝固成大片冰块，出现道路结冰现象。一般来说，寒冬腊月，当出现大范围强冷空气活动引起气温下降的天气（气象上称为寒潮）时，如果伴有雨雪，最容易发生道路结冰现象。

3. 道路结冰的危害

出现道路结冰时，由于车轮与路面摩擦作用大大减弱，容易使车辆打滑，刹不住车，造成交通事故；行人也容易滑倒，造成摔伤。

┃ 高速公路结冰导致车辆行驶缓慢 ╱

4. 道路结冰预警信号

道路结冰预警信号分三级，分别以黄色、橙色、红色表示。

道路结冰黄色预警信号

标准：当路表温度低于 0 ℃，出现降水，12 小时内可能出现对交通有影响的道路结冰。

道路结冰橙色预警信号

标准：当路表温度低于 0 ℃，出现降水，6 小时内可能出现对交通有较大影响的道路结冰。

道路结冰红色预警信号

标准：当路表温度低于 0 ℃，出现降水，2 小时内可能出现或者已经出现对交通有很大影响的道路结冰。

5. 道路结冰灾害防御

道路结冰的防御措施

* 注意收听、收看当地气象台发布的天气预报、预警。

* 室外温度较低，注意防寒保暖。

* 老、弱、病、幼者减少外出。

* 行人外出应当选择防滑性
能较好的鞋，不宜穿高跟鞋
或硬塑料底鞋。当心路滑，
防止跌倒。

* 外出尽量少骑自行车或摩
托车。

* 机动车采取防滑措施，减
速慢行。

* 交通、公安等部门要按照职
责做好道路结冰应对准备工作。

* 及时清除主要交通干道的积
雪、积冰。

学生防御道路结冰小贴士

* 过马路要服从交通警察的指挥疏导。

* 少骑或者不骑自行车上学。

* 不要在结冰的操场或空地上玩耍。

* 如果溜冰，一定要做好防护措施。

6. 道路结冰灾害案例

2008 年 1 月中旬至 2 月中旬，我国经历了历史上罕见的低温雨雪冰冻灾害天气，陕西省也不例外。受低温雨雪冰冻的共同影响，道路结冰严重，高速公路、省道、国道间断性封闭，全省高寒山区道路和大部分县乡道路、桥面普遍结冰，交通大范围受阻。

此时正值春节前夕，春运因此受到巨大影响，致使旅客滞留车站无法回家过年。全省交通直接经济损失达 7.5 亿元。

第三章
气象信息的获取渠道

一、气象短（彩）信息服务

　　气象部门每天通过短(彩)信方式定时向手机用户(移动、联通、电信)发送最新天气预报信息，遇到突发性、灾害性天气还随时发送预警信息。

1.气象短信服务

　　天气预报短信　提供未来 2 天或 3 天的天气预报信息，并根据天气特点发布与生活相关的温馨提示、天气实况、灾害预警及气象专家的特别提醒和建议等。

　　　　移动用户订购方式：发送"121"到"10620121"。

　　　　电信用户订购方式：发送"D+区号"至"10620121"。

　　　　联通用户订购方式：拨打"10010"订购。

　　　　退订方式：拨打各运营商客服电话即可退订。

　　为农气象服务短信（移动用户）　提供未来 2 天的天气预报及农业常识、气象农时提醒、农事建议、新闻资讯、灾害预警及气象专家的特别提醒和建议等温馨提示。

　　　　订购方式：发送"NYQX"到"10620121"。

　　　　退订方式：发送"0000"到"10086"。

2.气象彩信服务（移动用户）

　　天气预报彩信是集文字、图像与数据一体的彩信服务产品，提供常规天气预报和重要天气预警等信息、交通旅游气象、生活气象指数、天气实况、出游指南、生产生活建议、生活小常识、气象新闻等。

订购方式：发送"KTQX"到"10086"。

退订方式：发送"0000"到"10086"。

3.气象灾害手机预警短信发布"绿色通道"

气象灾害手机预警短信发布"绿色通道"是移动、联通、电信运营商直接提供的气象灾害预警短信发送专用接口，下发代码为"10639121"。在出现暴雨、暴雪、寒潮橙色及红色预警，霜冻橙色预警，高温、大风、干旱、大雾、道路结冰红色预警时，免费向灾害影响区域全网手机用户发布灾害预警短信。

二、"中国天气通"手机客户端

"中国天气通"是由中国气象局官方推出的一款专业的天气服务软件，发布及时准确，内容全面详实，是目前国内最权威的天气软件。该软件提供国内 2 566 个县级以上城市的气象预警、天气实况、7 天天气预报、生活气象指数，以及国外气象预报信息等权威天气信息，还具有位置服务、天气分享等实用的功能。

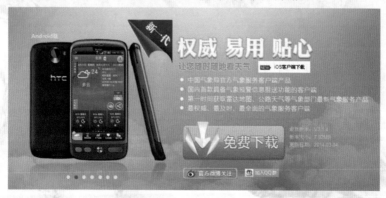

三、气象网站

专门提供陕西气象服务信息的气象网站主要有：

陕西气象网：http://www.sxmb.gov.cn/

中国天气网陕西站：http://shaanxi.weather.com.cn/

三秦气象信息网：http://www.qqq121.com.cn/

四、国家突发公共事件预警信息发布系统 (www.12379.cn)

该系统由中国气象局承担建设，省级和市级气象部门承担各自区域内的系统维护管理和信息发布。系统通过"12379"专用号码以手机短信、电子邮件等形式向突发事件应急责任人发送预警信息。社会公众可通过"国家突发事件预警信息网站"（www.12379.cn）和"国家预警发布"微信、微博账号等了解、查询预警信息。

五、"陕西气象"微博

　　"陕西气象"微博是陕西省气象局官方（网络）服务平台，已在腾讯、新浪、人民网、新华网四个平台开展服务，按照"贴近民生、准确及时、科学权威"的原则发布天气预报、实况预警等气象信息，解读天气趋势，开展气象科普，与公众双向互动交流。

　　腾讯微博：http://e.t.qq.com/sxweather

　　新浪微博：http://weibo.com/qx4006000121

　　人民网微博：http://t.people.com.cn/10390958

　　新华网微博：http://t.home.news.cn/shxqxj

六、"陕西气象"微信

"陕西气象"微信(微信号：shannxi12121)以语音、视频、文字、图片等要素传递天气预报、气象预警、气象科普等信息。

关注方式：搜索服务号"陕西气象"或扫描二维码。

▌"陕西气象"微信二维码／

七、"12121"气象声讯咨询电话

"12121"是全国统一的天气预报咨询特服（客服）号码，24小时不间断提供权威、及时的气象服务信息。拨打"12121"可获取主要城市预报、全省预报、生活气象、旅游气象、交通气象等气象服务信息和气象预警、气象热点、气象科普等气象资讯，以及人工坐席解答各种气象信息疑难问题。

八、"400-6000-121"气象服务热线

"400-6000-121"气象服务热线是陕西省气象局面向社会提供公益性气象服务的重要窗口，开展气象问题解答、效果反馈、需求了解和投诉建议等业务。

九、电视

频道	节目名称	播出时间	时长
陕西卫视	《早间天气预报》	06:52	3 分钟
陕西卫视	《午间天气预报》	12:35	3 分钟
陕西卫视	《旅游天气预报》	18:53	2 分 30 秒
陕西卫视	《晚间天气预报》	22:35	3 分钟
陕西二套	《都市新气象》	19:28	1 分 50 秒
陕西五套	《文娱新气象》	12:45	3 分钟

十、广播

陕西广播电台 10 个频率都在不同时段播出天气信息。例如，《陕广新闻》，频率：FM101.8，预报员每天为其撰写 3 篇稿件，由气象播音员直播，一天三次，广播时间为 09:30，10:30，17:20；《陕西交通广播》，频率：FM91.6，由预报服务首席根据天气状况，每周不定时录播 1~2 次，播放时间为 07：00—07：30。

十一、报纸

预报员每天撰写一篇与气象相关的稿件给《华商报》，由《华

商报》记者根据稿件内容修改后刊登。《三秦都市报》《西安晚报》《阳光报》都刊登相关气象信息。

参考文献

杜继稳等 .2007. 陕西省短期天气预报技术手册 [M]. 北京：气象出版社 .

李良序 .2009. 陕西农村气象防灾减灾知识读本 [M]. 北京：气象出版社 .

《陕西气候》编写组 .2009. 陕西气候 [M]. 西安：陕西出版集团、陕西科学技术出版社 .

《陕西灾害性天气气候图集》编委会 .2009. 陕西灾害性天气气候图集（1961—2006）[M]. 西安：陕西科学技术出版社 .

附录 A

蒲福风力等级表

风级	名称	相当于空旷平地上标准高度 10 米处的风速 /（米·秒⁻¹）	陆地物象	海面波浪	一般浪高 / 米
0	无风	$0 \sim 0.2$	静，烟直上	平静	—
1	软风	$0.3 \sim 1.5$	烟示风向	微波峰无飞沫	0.1
2	轻风	$1.6 \sim 3.3$	感觉有风	小波峰未破碎	0.2
3	微风	$3.4 \sim 5.4$	旌旗展开	小波峰顶破裂	0.6
4	和风	$5.5 \sim 7.9$	吹起尘土	小浪白沫波	1.0
5	劲风	$8.0 \sim 10.7$	小树摇摆	中浪白沫峰群	2.0
6	强风	$10.8 \sim 13.8$	电线有声	大浪白沫离峰	3.0
7	疾风	$13.9 \sim 17.1$	步行困难	破峰白沫成条	4.0
8	大风	$17.2 \sim 20.7$	折毁树枝	浪长高有浪花	5.5
9	烈风	$20.8 \sim 24.4$	小损房屋	浪峰倒卷	7.0
10	狂风	$24.5 \sim 28.4$	拔起树木	海浪翻滚咆哮	9.0
11	暴风	$28.5 \sim 32.6$	损毁重大	波峰全呈飞沫	11.5
12	飓风	$32.7 \sim 36.9$	摧毁极大	海浪滔天	14.0
13	—	$37.0 \sim 41.4$	—	—	—
14	—	$41.5 \sim 46.1$	—	—	—
15	—	$46.2 \sim 50.9$	—	—	—
16	—	$51.0 \sim 56.0$	—	—	—
17	—	$56.1 \sim 61.2$	—	—	—

附录 B

急救常识

B1 心脏骤停

（1）若心跳骤停时间不长（3 至 4 分钟内），需立即采用心肺复苏法抢救伤者，同时拨打"120"急救电话。

（2）心肺复苏法包括胸外心脏按压法和人工呼吸法。

进行胸外心脏按压时，首先要确定按压部位，即胸骨中下 1/3 交界处的正中线上或剑突上 2.5~5 厘米处。施救者一个手掌根部紧贴于胸部按压部位，另一个手掌放在此手背上，两手平行重叠且手指交叉互握稍抬起，利用上身重量垂直下压，对中等体重的成人下压深度为 3~4 厘米，之后迅速放松，解除

压力，让胸廓自行复位，如此有节奏地反复进行。

进行人工呼吸时，首先清理伤者的呼吸道，并使伤者头部尽量后仰，以保持呼吸道清洁、通畅。施救者深吸一口气，对着伤病人的口（两嘴要对紧不要漏气）将气吹入。为使空气不从鼻孔漏出，此时可用一只手将其鼻孔捏住，然后当施救者嘴离开时，将捏住的鼻孔放开，并用一只手压其胸部，以帮助其呼气，如此反复进行。

（3）胸外心脏按压与人工呼吸应交替进行，即每做 30 次胸外心脏按压后，就连续吹气两次，如此反复交替进行。

B2 溺水

（1）如果被卷入洪水中，一定要保持镇静，尽可能抓住固定的或漂浮的东西，寻找机会逃生。

（2）施救者如不会游泳或不了解水情，不可轻易下水救人，可利用救生圈、竹竿等在岸上实施救援。

（3）溺水者被救上岸后，将其平放在地上，立即清除其口鼻内的淤泥、杂草等污物，使其保持呼吸通畅。抱起溺水者的腰腹部，使其脚朝上，头朝下进行倒水。或施救者一腿跪地，另一腿屈膝，将溺水者腹部横放在救护者屈膝的大腿上，使其头部下垂，并用手平压背部进行倒水。

（4）如溺水者呼吸停止，应立即进行人工呼吸。

B3 雷电击伤

（1）如被雷击者衣服着火，立即往其身上泼水，或用毯子等裹住伤者以扑灭火焰。在无人帮助的情况下，伤者切勿惊慌，可在地上翻滚或趴在水沟中以扑灭火焰。

（2）对烧伤部位，先用冷水冷却，再用干净布块包扎。烧伤部位严重的，要尽快送往医院，进行清洁、消毒，防止创口感染。

（3）被雷击后，如伤者突然心脏停跳、呼吸停止，出现"假死"现象，应立即进行心肺复苏。同时立即拨打"120"急救电话，由专业救护人员进行抢救。

B4 中暑

（1）将中暑者从高温环境移至通风阴凉处，敞开衣服，用冷水或酒精擦身，为中暑者降温。

（2）让中暑者喝些淡盐水或清凉饮料，可服用十滴水或仁丹。

（3）若中暑者产生意识障碍、体温上升到 40 ℃以上等热射病症状，应立即入医院治疗。

B5 骨折

（1）迅速使用夹板固定患处，固定不应过紧，木板和肢体之间垫松软物品。如果没有夹板，可就地取材，用树枝、雨伞、木棍等代替。

（2）若没有固定材料，可进行临时性自体固定。如上肢受伤，可将伤肢缚于上身躯干；如下肢受伤，可将伤肢固定于另一健肢上。

（3）对于轻度无伤口的骨折，可进行冷敷处理，防止肿胀；如有伤口则不宜冷敷，尽量用清洁的布块包扎并尽快就医。

B6 外伤出血

（1）若血液从创面或创口四周渗出，出血量少、色红，则属于毛细血管出血。通常用碘酊或酒精对伤口周围皮肤进行消毒，然后在伤口上盖上消毒纱布或干净布块，扎紧即可。

（2）若血液呈暗红色，缓慢不断地从伤口流出，则属于静脉出血。用消毒纱布或干净布块做成软垫放在伤口上，再加压包扎即可。抬高患肢可减少出血。

（3）若血液随心脏搏动喷射涌出，颜色鲜红，出血量多，速度快，则属于动脉出血。此类出血危险性大，一般采用间接指压止血法，即在出血动脉的近心端，用拇指和其余手指压在骨面上，予以止血。这种方法简单易行，但因手指容易疲劳，不能持久，所以只能是一种临时急救止血手段，必须将伤者立即送往医院，换用其他方法止血。

B7 冻伤

（1）使伤者迅速离开低温现场和冰冻物体，移至温暖环境。

（2）如果伤者的衣服与人体冻在一起，应用温水融化，再脱去衣服，切不可使用热水。

（3）加盖衣服、毛毯，使伤者尽快恢复体温。或将伤者泡在 34~35 ℃的水中 5~10 分钟，然后将浸泡水温提高到 40~42 ℃，待伤者出现规律的呼吸后停止加温。伤者意识恢复后可饮用一些热饮料。

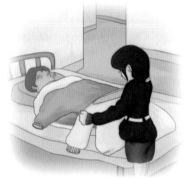

B8 触电

（1）把触电者接触的那一部分带电设备的开关、闸刀或其他断路设备断开，或用木棒、皮带、橡胶制品等绝缘物品挑开触电者身上的带电物品。在脱离电源中，救护人员既要救人，也要注意保护自己。

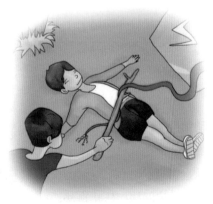

（2）若触电者心脏停止跳动，应立即采用心肺复苏法抢救。

B9 严重胸腹外伤

（1）已刺入胸、腹的利器，切不可自行取出。应就近找东西固定利器，并立即将伤者送往医院。

（2）因腹部外伤造成肠管脱出体外，千万不可将其送回腹腔，以免造成严重感染。应在脱出的肠管上覆盖消毒纱布，再用干净的碗或盆扣在伤口上，用绷带或布带固定，迅速送往医院抢救。